Nina Ernst

Willkommen Katze

Müller Rüschlikon

Einbandgestaltung: *Kornelia Erlewein*

Titelbild: *© Carola Schubbel-Fotolia.com*

Bildnachweis: *Andrea Schneider (www.andrea-schneider.eu): Seite 2, 4, 5, 6, 10, 13, 18, 24, 28-29, 34, 41, 48, 54, 58, 59, 64-65, 68, 72-73, 76, 83, 88-89, 90, 91 U2: © Daniel Zaugg-Fotolia.com; U4: aboutpixel.de Katze greift © Paul Hakimata; Seite 4: aboutpixel.de / Fahrerflucht © copic; Seite 7: Nicole2 / pixelio.de; Seite 8: aboutpixel.de / ...auf dem Sprung... © Triveo; Seite 9: Nicole2 / pixelio.de; Seite 14: aboutpixel.de / Das Genie unter den Katzen © Melanie Opalka; Seite 16-17: aboutpixel.de / lisa 04 © oli xxx; Seite 20: arminia / pixelio.de; aboutpixel.de Siam im Stroh I © Fred Elff; Andrea Kaphingst / pixelio.de; Gabriela Prokop / pixelio.de; Seite 21: Michael Schrader / pixelio.de; A. Friedrich-Baack / pixelio.de; mäggiex / pixelio.de; Kim Schnackenberg / pixelio.de; Seite 26: © E.Ernst; Seite 31: aboutpixel.de / Katzenschlaf © chhmz; © E.Ernst; Seite 32: aboutpixel.de Blütenzauber © Melanie Opalka; Seite 33: aboutpixel.de schlechtes Versteck © Elisabeth; Seite 36-37: © Lars Kühme; Seite 38: aboutpixel.de Spaziergang © Burkhard Trautsch; Seite 39: aboutpixel.de / looking for the sun © Carina S.; Seite 40: aboutpixel.de / auf den Kopf gestellt © Kwiveo Oeviwk; Seite 42: aboutpixel.de / Fahrerflucht © copic; Seite 44: aboutpixel.de / Wer die Wahl hat... © Uwe Dreßler; Seite 46: © Bernhard Pfundt; Seite 47: aboutpixel.de / Hauptsache süß! © Melanie Opalka; Seite 49: aboutpixel.de / Alltag eines Stubentigers © Melanie Opalka; Seite 51: aboutpixel.de / Katze © Eva Klein; aboutpixel.de Katzenwäsche © N N; Seite 52: bbroianigo / pixelio.de; Virgil / pixelio.de; Seite 55: Thomas Max Müller / pixelio.de; Seite 57: aboutpixel.de The eye of the tiger ... © N N; Seite 61: Peter P / pixelio.de; Seite 62: aboutpixel.de Höre zu! © Jonathan Willmann; Seite 63: Gitti / pixelio.de (4); Seite 66: aboutpixel.de Speedy und Manni © Markus Wittmann; Seite 69: aboutpixel.de klettern © Uwe Dreßler; Seite 70: aboutpixel.de mietz mietz mietz © marshi Seite 71: © goccedicolore-Fotolia.com; © E.Ernst (2)Seite 74: © Michael Pettigrew-Fotolia.com; Seite 77: aboutpixel.de Katze guckt © Paul Hakimata; aboutpixel.de Katze riecht © Paul Hakimata; aboutpixel.de Katze greift © Paul Hakimata (2); Seite 81: aboutpixel.de Katze im Sack © Nadine Tinter; Seite 82: © E.Ernst; Seite 84: aboutpixel.de Elvis-01 © Peter Schütte; Seite 86: © Lemonade-Fotolia.com; Seite 92-93: aboutpixel.de / Samtpfote samt Pfote © Kwiveo Oeviwk; Seite 94: © E.Ernst*

ISBN 978-3.275-01781-2

Postfach 103743, 70032 Stuttgart
Ein Unternehmen der Paul Pietsch Verlage GmbH & Co. KG
Lizenznehmer der Bucheli Verlags AG, Baarerstr. 43, CH-6304 Zug

1. Auflage 2011

Sie finden uns im Internet unter www.mueller-rueschlikon-verlag.de

Lektorat: Claudia König
Innengestaltung: Elmar Ernst
Druck und Bindung: Gaspo CZ, 76302 Zlin
Printed in Czech Republic

Willkommen Katze! Bei richtiger Pflege warten auf ein junges Kätzchen knapp 20 Jahre Spiel, Spaß und Lebensfreude.

Inhalt

Kapitel 1

Leben mit Katzen

Eine Katze im Haus verändert das Leben. Ob Freude, Liebeskummer oder den Platz auf dem Sofa: Wer mit einer Katze zusammenlebt, hat einen treuen Freund, der alles mit ihm teilt.

Reif für eine Katze? – Katz und Mensch als Partner

Die Katze hat in Deutschland den Hund als beliebtestes Haustier längst abgelöst. Im Jahr 2008 lebten laut einer Erhebung des Industrieverbands Heimtierbedarf in 16,5 Prozent aller deutschen Haushalte Katzen. Das waren insgesamt 8,2 Millionen Hauskatzen. Sie gelten als unkomplizierter in der Haltung als Hunde. Menschen schätzen vor allem die Unabhängigkeit der samtpfötigen Persönlichkeiten. So schön die Partnerschaft mit einer Katze ist, bedeutet sie doch viel Verantwortung. Katzen brauchen zwar nicht Gassi zu gehen oder die Hundeschule besuchen, haben aber eigene Bedürfnisse und müssen ebenfalls beschäftigt werden.

Schönheiten mit Anspruch

Wunderschön sehen sie aus, wenn sie elegant auf der Stuhllehne balancieren oder konzentriert ihr Gesicht mit der Pfote säubern. Kaum verwunderlich, dass sich immer mehr Menschen in den Anblick der samtweichen Schönheiten verlieben und ihr Leben mit einer Katze verbringen wollen. Die Beziehung mit einer Katze ist aufregend. Anders als ein Hund ist sie dem Menschen nicht bedingungslos treu ergeben. Katzen sind Individualisten mit einem faszinierenden Eigensinn. Ihre Gunst müssen wir uns immer wieder aufs Neue erarbeiten. Wem es gelingt, sich dauerhaft die Zuneigung einer Katze zu verschaffen, ist nicht selten stolz darauf. Wird die Katze hingegen über längere Zeit vernachlässigt oder fühlt sich nicht mehr wohl, zieht sie aus und sucht sich eine neue Bleibe. Ist ihr die Möglichkeit verwehrt, weil sie keinen Freigang bekommt, zeigt sie ihr Unwohlsein in anderer Form: sie zerkratzt Möbel und menschliche Füße, macht auf den Teppich oder

Katzen haben eigene Bedürfnisse. Wer die erfüllt, wird mit Vertrauen, Freundschaft und Harmonie belohnt.

zieht sich still in sich zurück. Damit es nicht so weit kommt und die Partnerschaft harmonisch verläuft, sollten sich Katzenfans vorab in Ruhe überlegen, ob sie den Ansprüchen der Vierbeiner gerecht werden können.

Partner Katze

Wer eine Katze zum Mitbewohner hat, ist nie mehr einsam. Das Beobachten des Tiers beim anmutigen Kletterakt und wildem Spiel bietet mehr Abwechslung als das allabendliche Fernsehprogramm. Katzen muntern ihre Menschen auf, wenn die traurig sind. Entweder mit der Aufforderung zum Jagdspiel oder allein durch ihre Nähe. Wenn Sie einen charmanten,

Kleine Freigeister: Katzen sind gnadenlos ehrlich. Finden sie etwas zum Jagen, ist die Kuschelstunde vorbei.

aber eigenwilligen Charaktertypen auf vier Pfoten suchen, den Sie umsorgen können, liegen Sie mit einer Katze richtig. Sie vermittelt Unbeschwertheit und Behaglichkeit zugleich. Was gibt es schließlich Gemütlicheres, als ein schnurrendes Fellknäuel auf dem Schoß liegen zu haben.

Menschen können viel von den Vierbeinern lernen. Katzen leben im Hier und Jetzt, kennen keine Zukunftsängste und zeigen Unmut ebenso spontan wie Freude. Sie machen das, wonach ihnen gerade ist und nehmen keine Befehle entgegen. Eine der schönsten, wenn auch für Menschen manchmal kränkenden, Eigenschaften der Katze ist ihre bedingungslose Ehrlichkeit. Eine Katze spielt ihrem Menschen genauso wenig vor wie ihren Artgenossen und zeigt stets offen ihre Meinung. Praktisch für diejenigen, die ein Gespür für die Sprache der Katze haben: Sie sehen direkt, in welcher Gemütslage sich ihr Tier befindet. Manchmal kann die unverhohlene Offenheit auch verwirren. Denn das Wesen der Katzen ist oft sprunghaft, die Stimmung kann in Sekundenschnelle umschlagen. So kann das Tier, das eben noch begeistert hinter der Spielangel hergejagt ist, im nächsten Moment gelangweilt den Raum verlassen. Oder es rümpft angewidert die Nase, nachdem der Mensch ihm das Futter vorgesetzt hat, das bis gestern noch zu den Lieblingssorten zählte.

Es liegt in der Natur der Katzen, stets ehrlich zu sein. Würden sie sich mit Höflichkeitsfloskeln aufhalten, hätten Katzen geringe Chancen, ihr Revier zu verteidigen, sich fortzupflanzen und Nahrung zu erbeuten. So beleidigend das spontane Ausschlagen der sonst so geliebten Streicheleinheit manchmal wirken kann, so schön ist es, wenn die Katze sich freut. Denn dann können Sie sicher sein, dass sie es absolut ehrlich meint.

Allein zu Hause

Nicht nur Singles genießen das Gefühl, dass sie bereits mit freudigem Maunzen erwartet werden, wenn sie nach Hause kommen. Wer allerdings ständig unterwegs ist, lange arbeitet oder viel verreist, sollte sich gut überlegen, ob eine Katze bei ihm glücklich wird. Katzen hassen das Verreisen, bleiben dem Revier treu. Während die Menschen unterwegs sind, ist es für Katzen langweilig zu Hause. Sofern sie nicht durch eine Katzenklappe nach draußen

Kommt der Mensch von der Arbeit, fängt der Tag für die Katze erst an. Dann will sie Spiel und Beschäftigung.

können, verschlafen sie dann den Großteil des Tages. Sind alle Menschen außer Haus, braucht die Katze auch während deren Abwesenheit Beschäftigung. Entweder durch das Beobachten von Vögeln auf einem gesicherten Balkon, eine zweite Katze oder andere Zeitvertreibe (siehe Kapitel »Spielend fit und ausgeglichen«).

Eine Frage der Zeit

Geht für uns ein Arbeitstag zu Ende, fängt der Tag für die Katze erst an. Nachdem sie stundenlang schlafend auf die Rückkehr des Menschen gewartet hat, ist sie nun ausgeruht und bereit für Beschäftigung. Dass ihr Halter von der Hektik im Büro vielleicht erschöpft ist, versteht sie nicht.

Langeweile? Fehlanzeige. Freigänger beschäftigen sich selbst auf ihren Streifzügen. Stubentiger brauchen zum Ausgleich eine tägliche Spielstunde.

Wenn es nach der Katze ginge, wäre ihr Mensch den ganzen Tag daheim und würde sich ausschließlich mit ihr beschäftigen, sobald sie wach ist. Das ist natürlich nicht nur für Berufstätige utopisch. Wer sich eine Katze anschafft, kann aber vorher abwägen, ob er über die nötige Zeit verfügt. Füttern, Pflege und das Reinigen der Katzentoilette nehmen täglich rund eine halbe Stunde ein. Aufwendiger ist es, dem Tier ein Anti-Langeweile-Programm zu bieten.
Neben Streicheleinheiten fordern Katzen je nach Alter ein mehr oder weniger umfangreiches Unterhaltungsangebot. Freigänger sorgen auf ihren Streifzügen meist selbstständig für Zerstreuung. Stubenhocker wollen als Ausgleich Spiele, um aufgestaute Energie loszuwerden, die Muskeln fit zu halten und ihren Jagdtrieb zu befriedigen. Auch Katzen spielen nicht gerne alleine, sondern lieber mit dem Menschen als Mitspieler. Eine halbe Stunde Katzensport täglich ist absolutes Minimum, außer bei betagten Tieren. Wer einen einzelnen Stubentiger oder noch junge Katzen hält, muss entsprechend mehr Zeit aufwenden. Können Sie sich diese Zeit nehmen und denken Sie, dass Ihnen die Katzenbeschäftigung auch nach Jahren noch Freude bereiten wird? Dann haben Sie den Grundstein für eine langjährige Freundschaft gelegt.

Auf Reisen

Vor der Anschaffung sollte feststehen, was mit dem Tier während des Urlaubs passiert. Soll es lieber von Bekannten oder einem Katzensitter zu Hause in seinem Revier betreut werden? Oder behagt Ihnen der Gedanke nicht, dass es nachts alleine zu Hause ist? Alternativ kann die Katze in einer Tierpension gepflegt werden. Wenn Sie sich vorab um eine entsprechende Unterbringungsmöglichkeit kümmern, brauchen Sie nicht mehr lange zu suchen, wenn ein Notfall Sie zum spontanen Verreisen zwingt.

Gut überlegt

Ein Katzenleben kann bis zu 20 Jahre dauern, manche Exemplare werden sogar noch älter. Wer sich für eine Katze entscheidet, trifft also eine Entscheidung für eine lange Lebensphase. Die sollte gut überlegt sein und nicht spontan beim Anblick eines niedlichen Katzenbabys getroffen werden. Eine Katze als Geschenk zu Weihnachten oder Geburtstag ist somit tabu, ob für Erwachsene oder Kinder. In Mehrpersonenhaushalten müssen die Beteiligten allesamt mit der Entscheidung für eine Katze einverstanden sein. Jeder Mitbewohner sollte vorab wissen, ob er gegen Katzen allergisch ist. Schon so manche Katze wurde nach nur wenigen Tagen Aufenthalt wieder zurückgegeben, weil ein Familienmitglied unter einer Allergie litt. Das traurige Schicksal kann man Mensch und Tier durch einen Allergietest beim Arzt ersparen. Haben Sie bereits einen Hund, können Sie anhand einer Katze von Freunden testen, ob Bello sich mit Miez verträgt.

Kostenfaktor Katzenpflege

Katzen kosten neben Zeit auch Geld. Die ersten Kosten werden bei der Anschaffung für die Grundausstattung (siehe Kapitel »Alles für die Katz«) und den Kaufpreis des Tieres fällig. Auch danach fallen regelmäßig Ausgaben an. Die monatlichen Unkosten für Futter, Spielzeug und Einstreu variieren je nach Art und Marke. Dafür sollten Sie mindestens 30 Euro pro Monat einplanen. Hinzu kommen rund 40 bis 80 Euro für die jährliche Kontrolluntersuchung beim Tierarzt inklusive Schutzimpfung. Teuerer wird es, wenn die Katze erkrankt. Dann sind weitere Behandlungskosten fällig, die sich schnell zu einem dreistelligen Betrag summieren können. Während des Urlaubs kommen täglich etwa zehn bis 20 Euro für die Betreuung des Tieres hinzu.

Katzen und Kinder

Viele Eltern mögen die Vorstellung, ihre Kinder mit Tieren aufwachsen zu sehen. Lernen die Kleinen doch so, sich auf ein andersartiges Lebewesen einzulassen. Trotzdem sollte das Kind nie die alleinige Verantwortung für das Tier tragen. Es kann je nach Alter bestimmte Aufgaben wie das Füttern übernehmen. Hat das Kind es einmal vergessen oder das Interesse an dem Tier verloren, liegt es an den Eltern, sich um das Tier zu kümmern. Schließlich darf die Katze nicht darunter leiden, wenn bei schönem Wetter die Badeanstalt interessanter ist.
Katzen sind schreckhaft und ängstigen sich vor lauten, schrillen Geräuschen. Auf das Geschrei von Babys reagieren sie oft mit Protest oder Flucht. Auch Kleinkinder, die umherrennen und plötzlich ihre Hände nach dem Tier ausstrecken, verursachen leicht Panik. Katzen können kleine Kinder kaum einschätzen. Natürlich gibt es auch Katze-Kleinkind-Beziehungen, die harmonisch sind. Dazu müssen aber alle Beteiligten ein äußerst entspanntes Wesen besitzen.
Am besten warten Sie mit der Anschaffung einer Katze, bis Ihr Kind alt genug ist, die Bedürfnisse des Tieres zu verstehen und zu respektieren. Ist es bereits im Schulalter, kann das Kind auch viel mehr von der Anwesenheit der Katze profitieren als ein Kleinkind. Sohn oder Tochter können dann nicht nur Stück für Stück Verantwortung für den vierbeinigen Partner übernehmen, sondern auch dessen Verhaltensweisen intensiv studieren. Besonders Teenager fühlen sich oft vom Rest der Welt unverstanden. Ihnen wird die Katze zum treuen Freund, der sich ihre Sorgen geduldig anhört und zu ihnen hält.

Damit das Abenteuer Katze nicht vorschnell wieder vorbei ist, muss die Anschaffung wohl überlegt sein.

Checkliste vor dem Katzenkauf

Folgende Punkte sollten vor der Anschaffung geklärt sein:

- *Erlaubt der Vermieter die Katzenhaltung?*
- *Test auf Katzenhaarallergie*
- *Sind alle Haushaltsmitglieder einverstanden?*
- *Organisieren einer Urlaubsversorgung der Katze*
- *Verträglichkeit anderer Haustiere mit Katzen*
- *Einigen der Familienmitglieder auf einheitliche Verhaltensregeln und Verbote wie: Darf die Katze auf den Tisch?*

Die will doch nur spielen. Oder lieber kuscheln? Der Charakter der Katze sollte zur eigenen Persönlichkeit passen.

Welche Katze passt zu mir? – Die Wahl des passenden Mitbewohners

Sie sind nun sicher, dass Sie mit einer Samtpfote zusammenleben wollen? Dann müssen Sie nur noch die Katze finden, die zu Ihnen passt.

Liebe auf den zweiten Blick

Auch bei Katz und Mensch gibt es sie, die Liebe auf den ersten Blick. Man sieht ein Tier, in das man sich sofort verliebt und auch die Katze geht zielstrebig auf einen zu und setzt sich schnurrend auf den Schoß. Doch dieser Idealfall ist selten. Oft sind die Tiere dem fremden Menschen gegenüber erst einmal zurückhaltend und werden erst im neuen Zuhause richtig zutraulich. Wer voraussetzt, dass es zwischen beiden Seiten direkt funkt, wartet vielleicht ewig auf seinen Vierbeiner.
Deshalb ist bei der Wahl der passenden Katze zunächst Nachdenken gefragt. Welche Katze

passt zu den eigenen Lebensumständen, den Erfahrungen im Umgang mit Tieren und dem persönlichen Temperament? Wer weder Freigang noch stundenlanges Herumtoben anbieten kann, ist mit einem temperamentvollen Jungkater wahrscheinlich nicht gut bedient. Überlegen Sie einfach, was Sie einer Katze bieten können und möchten. Sind es eher ausgiebige Kuschelstunden auf dem Sofa, wildes Spielen oder Feingefühl im Umgang mit sensiblen Exemplaren? Kann das Tier draußen oder im großen Haus seinen Bewegungsdrang ausleben oder ist der Platz begrenzt? Muss die Katze an Hunde oder andere Tiere gewöhnt sein? Nehmen Sie für den edlen Anblick einer Langhaarkatze stundenlange Fellpflegesitzungen in Kauf? Meistens hat derjenige, der sich ein Tier anschaffen möchte, bereits nach kurzer Zeit eine Vorstellung davon, wie das Zusammenleben aussehen und der Charakter des Tiers sein soll. Wenn Sie vor dem Kauf den Besitzer nach den Persönlichkeitsmerkmalen des Tieres fragen, vermeiden Sie unangenehme Überraschungen.

Die große Freiheit

Bevor Sie sich auf Katzensuche begeben, sollte feststehen, ob die Katze nach der Eingewöhnungszeit nach draußen darf. Hat eine Katze erst einmal den Duft der Freiheit geschnuppert, findet sie sich nicht mehr mit dem Dasein als Stubenhocker ab. Fühlt sich ein Freigänger plötzlich eingesperrt, wird er unglücklich und protestiert.

Über die Möglichkeit zum Freigang entscheidet meist die Wohnsituation. In einer Wohnung im vierten Stock fallen Streifzüge durch die Natur aus. Trotzdem kann man auch hier Katzen halten, sofern der Vermieter es erlaubt und man dem Tier alternative Beschäftigungen anbietet.

Sind Sie reif für eine Katze?

Wie unter Menschen ist auch die Freundschaft mit Katzen ein gegenseitiges Geben und Nehmen. Für all die Annehmlichkeiten müssen wir im Gegenzug bereit sein, manchmal auch ein Auge zuzudrücken und Geduld zu beweisen. Sie sollten folgende Punkte in Kauf nehmen und alle Fragen mit Ja beantworten können, wenn Sie sich eine Katze anschaffen wollen.

Sind Sie bereit ...

..., jemanden zu umsorgen und sich viele Jahre lang um ihn zu kümmern?
... für einen Partner, der immer ehrlich zu Ihnen ist, mit Zuwendung ebenso wie mit Ablehnung?
..., zerkratzte Möbel und Tapeten in Kauf zu nehmen?
... für einen Mitbewohner, der selbst entscheidet, wann er Kontakt und Aufmerksamkeit wünscht?
..., sich täglich die Zeit zu nehmen, das Tier zu beschäftigen?
..., die Kosten für Ernährung, Pflege und Tierarzt auf sich zu nehmen?
..., Katzenhaare in der Wohnung zu billigen?
... für die lästige Reinigung der Katzentoilette?
..., die Wohnung inklusive Sofa, Bett und Schreibtisch mit der Katze zu teilen?
..., zerbrochene Vasen in Kauf zu nehmen, die beim Spielen umgeworfen wurden?
..., es zu ertragen, wenn die Katze frühmorgens vor Ihrem Bett maunzt?
... für ein Tier, das seinen eigenen Kopf hat und nicht so leicht zu erziehen ist wie ein Hund?
..., auch Krisen gemeinsam zu meistern und sich Zeit zu nehmen, eventuelle »Macken« wie das Attackieren von Menschenfüßen und Angst vor Besuch geduldig abzutrainieren?

Wählen Sie in dem Fall eine Katze aus, die es gewohnt ist, ausschließlich drinnen zu leben. Sie wird in der Wohnung nichts vermissen. Vielleicht sind Sie dennoch mit einem abgesicherten Balkon in der Lage, ihr ein Stück Natur zu bieten. Wer ebenerdig wohnt, kann entweder seinen Garten einzäunen und die Katze so vor Gefahren wie Autounfällen bewahren oder ihr die große Freiheit inklusive Streifzügen durch die Nachbarschaft bieten. Ein spezieller Schutzzaun bietet sich vor allem bei kranken Tieren an, die andere infizieren könnten. Katzen mit Handicap sind so ebenfalls vor den drohenden Gefahren der Umwelt sicher. Auch wenn Sie älteren Wohnungskatzen, die den Freigang nicht gewohnt sind, risikofrei ein Stück Natur bieten möchten, hilft ein spezieller Katzenzaun. Bei dieser Gewissensfrage um Freiheit und Gefahren hat der Mensch die Wahl. Würden die Katzen sie treffen, fiele die in jedem Fall auf das freie Umherstreifen.

Rassige Schönheiten

Viele Menschen entscheiden sich für eine Rassekatze. Nicht unbedingt als Statussymbol, sondern weil sie nicht die sprichwörtliche Katze im Sack kaufen wollen. Die Rasse gibt die Grundzüge von Körperbau und Charakter vor, so dass bereits bei Katzenkindern feststeht, welches Temperament und Aussehen sie später ungefähr besitzen werden. Die Rasse ist natürlich keine hundertprozentige Garantie für exakte Merkmale, weist aber die Richtung, in die sich die Katze wahrscheinlich entwickeln wird. Doch Adel hat seinen Preis: Je nach Züchter und Rasse kostet ein reinrassiges Tier etwa zwischen 150 und 1.000 Euro.

Die normale europäische Hauskatze, auch Europäisch Kurzhaar genannt, ist die hierzulande am weitesten verbreitete Katzenart. Hier gibt es etliche Kreuzungen und Einflüsse. Einheitliche Persönlichkeitsmerkmale fehlen ebenso wie charakteristische optische Faktoren. Ein Baby einer europäischen Hauskatze gleicht in dieser Hinsicht einem Überraschungsei: Man weiß nie, was dabei später alles zum Vorschein kommt. Dafür bleibt viel Freiraum für Individualität. Auch unter den nicht adligen Exemplaren finden sich viele tolle Persönlichkeiten mit hübschem Aussehen.

Ob blaues Blut oder nicht: Egal, für welches Tier Sie sich entscheiden, ist die eigene Katze immer die Schönste, Außergewöhnlichste und Sympathischste von allen.

Bei Interesse an einer bestimmten Rasse geben die entsprechenden Züchter Auskunft über Wesen und Ansprüche der Tiere. Auch bei Zuchtverbänden (z. B. Berliner Edelkatzen-Club e.V.) und Katzenausstellungen kann man sich über die verschiedenen Katzenrassen informieren.

Katze oder Kätzchen

Nicht nur langjährige Katzenfans können dem Anblick tollpatschiger Katzenbabys kaum widerstehen. Beim Beobachten, wie sie an ihre Mutter gekuschelt schlafen oder die Welt erkunden, ist es um die meisten Menschen geschehen. Wer sich kleine Katzenkinder anschafft, holt sich zugleich viel Arbeit ins Haus. Die aktiven Fellbündel sollten niemals einzeln gehalten werden, brauchen mindestens einen

Jungkatzen bringen Leben ins Haus. Doch all ihr Übermut fordert starke Nerven.

Artgenossen, mit dem sie spielen, jagen und an den sie sich anlehnen können. Es ist aufregend, den Kätzchen beim Aufwachsen zuzusehen. Zu beobachten, wie sie immer ausgefeiltere Jagdtechniken entdecken, ihre Motorik verbessern, Schabernack anstellen. Beim Erkunden der Welt kennen sie nur Neugierde, aber keine Grenzen. Auch Angst vor Gefahren ist ihnen größtenteils fremd. Halter von Jungkatzen sind andauernd damit beschäftigt, sie aus der Gardine zu befreien und aufzupassen, dass die Kleinen nirgendwo hineinfallen oder beim Fangen spielen nicht unter die Füße der Menschen rennen.

Wem das chaotische Treiben der kleinen Energiebündel zu anstrengend ist, holt sich am besten eine ausgewachsene Katze ins Haus. Ob Todesfall, Allergie oder neue Lebensumstände der Halter: Aus den verschiedensten Gründen suchen regelmäßig erwachsene Katzen ein neues Zuhause. Je älter das Tier, desto stärker ist die Persönlichkeit bereits ausgeprägt. Manche zeigen sich neugierig, mutig und verspielt, andere verschmust, wieder andere scheu und zurückhaltend. Die Flegeljahre voller Schabernack liegen bei ihnen in der Vergangenheit. Ständige Rettungsaktionen und Vorsichtsmaßnahmen, die bei Jungkatzen oft nötig sind, entfallen. Andererseits können sich auch unerwünschte Eigenschaften wie Angst vor Fremden oder dem Staubsauger bereits entwickelt haben.

Tiersenioren ab acht oder zehn Jahren haben es besonders schwer, einen neuen Besitzer zu finden. Dabei können auch sie sehr liebenswert und noch aktiv sein. Bei einer Lebenserwartung von circa 20 Jahren kann man auch mit einer zehnjährigen Katze noch viele, schöne Jahre verbringen. Wer also eine in sich ruhende Katze sucht, die nicht ständig ein Unterhaltungsprogramm geboten haben möchte, wird vielleicht mit einer älteren Katze glücklich.

Wie viele dürfen es denn sein?

Katzen jagen allein. Deshalb haben sie den Ruf, absolute Einzelgänger zu sein. Dabei sind sie recht gesellig, solange ihnen die Jagdbeute nicht streitig gemacht wird. Wenn das Nahrungsangebot ausreicht, leben verwilderte Katzen in Städten sogar in großen Kolonien zusammen. Da Katzen nicht sprechen können, kann nur vermutet werden, wie sie sich fühlen, wenn sie alleine in der Wohnung leben und nie Kontakt zu Artgenossen haben. Wahrscheinlich fühlt die Katze sich selbst auch ein bisschen als Mensch. Natürlich kann man Katzen auch einzeln halten, sofern man sich ausreichend um sie kümmert. Einige Exemplare, die jahrelang ohne Artgenossen gelebt haben, akzeptieren irgendwann auch keine anderen Katzen mehr. Wenn Sie nur eine Katze halten wollen, suchen Sie am besten explizit nach einem Tier, das den Kontakt zu anderen Katzen nicht kennt und nicht vermisst.

Katzen, die in kätzischer Gesellschaft gelebt haben, fehlt etwas, wenn sie plötzlich allein sind. Von der Mehrkatzenhaltung profitieren Mensch und Tier zugleich. Die Katzen beschäftigen sich miteinander, wenn der Mensch aus dem Haus oder zu müde zum Toben ist. Sie halten sich gegenseitig mit ihrem Verhalten einen Spiegel vor, können gemeinsam andere Verhaltensweisen ausüben und Spiele spielen als mit dem Menschen. Katzen in Mehrkatzenhaushalten sind meist auch ebenso anhänglich und verschmust wie einzeln gehaltene Tiere. Das müssen nicht immer Wurfgeschwister sein. Junge Katzen lassen sich in der Regel sehr gut vergesellschaften. Manche Leute geben auch erwachsene Katzen im Doppelpack ab. Wer mag, kann auch drei oder vier Katzen halten, so lange genügend Platz, Futter und Zuwendung für sie vorhanden ist.

Die beliebtesten Katzenrassen

Langhaar oder kurzes Fell, schwarz oder rot, gesprächig und verspielt oder ruhig und verschmust: Bei der großen Anzahl an Katzenrassen findet jeder einen passenden, tierischen Partner. Hier einige der Lieblinge der Katzenfreunde:

Perser – Die Sanften
Erst beim Spielen offenbaren viele Perserkatzen ihre Geschicklichkeit und Gewandtheit. Ansonsten sind sie extrem ruhig, ausgeglichen und unkompliziert im Umgang. Halter von Perserkatzen müssen dennoch viel Zeit für ihr Tier einplanen, weil das lange Fell täglicher Pflege bedarf, damit es nicht verfilzt.

Britisch Kurzhaar – Die Ausgeglichenen
Die kompakten Briten gelten als ideale Anfängerkatzen. Mit ihrem freundlichen Gemüt lassen sie sich durch fast nichts aus der Ruhe bringen. Trotz ihrer würdevollen Gelassenheit können sie sehr anhänglich sein. Ideal für alle, die auch in einem turbulenteren Haushalt, in dem zum Beispiel viel Besuch ein- und ausgeht, nicht auf eine Katze verzichten wollen.

Siam – Die Anspruchsvollen
Um diese alte Katzenrasse ranken sich viele Legenden. Siamkatzen sind enorm anspruchsvoll und nur für erfahrene Halter mit viel Zeit geeignet. Sie sind gesellig, temperamentvoll und zugleich anhänglich, wollen ständig beschäftigt werden. Ihre laute Stimme benutzen sie gerne und häufig. Bekommt eine Siam nicht so viel Aufmerksamkeit wie sie wünscht, ist sie sehr einfallsreich und hartnäckig, diese einzufordern.

Maine Coon – Die treuen Riesen
Über zwölf Kilogramm kann eine Maine Coon wiegen. Die amerikanischen Riesen, die oft mit der norwegischen Waldkatze verglichen werden, gelten als robust, unternehmungsfreudig, aber nicht übermäßig aktiv. Ihre Anhänglich- und Zärtlichkeit hat ihr den Beinamen Hundkatze eingebracht. Mit ihrem halblangen, dichten Fell unternehmen viele Maine-Coon-Katzen auch bei Wind und Wetter gerne Streifzüge.

Norwegische Waldkatze – Die Freigeister

Die etwa 40 bis 45 cm hohen Norweger erinnern an die amerikanische Maine Coon. Wild und ursprünglich sehen sie mit ihrem halblangen Fell, der Halskrause und den Haarbüscheln an den Ohrenspitzen aus. Dennoch sind sie liebevoll und anhänglich. Norweger gelten als anpassungsfähig, aber unabhängig. Ideal für Menschen, die eine zärtliche und zugleich freiheitsliebende Katze wollen.

Somali – Die Neugierigen

Die Somali ist die Langhaarvariante der Abessinierkatze. Die neugierigen Mini-Pumas besitzen geticktes Fell, bei dem jedes Haar mehrere Farben hat. Sie sind sehr neugierig, intelligent und aktiv. Die geselligen Tiere bleiben ungern alleine und verlangen ihren Haltern viel Zeit für Beschäftigung und Spiel ab. Nichts für Vollzeitberufstätige und kleine Wohnungen.

Kartäuser – Die Freundlichen

Kartäuserkater sind meist erheblich größer als ihre weiblichen Rassevertreter. Sie sind freundlich, friedlich und gutmütig. Die unkomplizierten Katzen eignen sich gut für die Wohnungshaltung, sofern sie ausreichend beschäftigt werden. Mit ihrem ausgeglichenen Wesen wissen sie eine gemütliche Kuschelstunde auf dem Sofa zu schätzen. Sie wirken teilweise fast faul, bis etwas ihr Interesse erweckt, hinter dem sie herjagen können.

Heilige Birma – Die Verträglichen

Wie eine Mischung aus Siam und Perser sehen die angeblichen Nachfahren der Tempelkatzen aus Birma aus. Sie sind ruhig, freundlich und sanft. Deshalb gelten sie als ideale Familien- und Wohnungskatzen. Die Menschen bezogenen Tiere bleiben nicht gerne allein und so manches Exemplar soll beim Freigang schon mit Fremden mitgegangen sein.

Miez, wo bist du? – Wo es Katzen gibt

Besitzen Sie eine ungefähre Vorstellung von Ihrer künftigen Katze, kann die Suche nach ihr beginnen. Schwarzes Brett, Kleinanzeige, Züchter oder Tierschutz: Es gibt etliche Stellen, bei denen man Katzen bekommt.

Züchter

Wer eine junge Rassekatze haben möchte, bekommt sie am Einfachsten beim Züchter. Katzenfans finden Hobby- und Profizüchter in ihrer Nähe durch Inserate in Tiermagazinen, im Internet, über Zuchtverbände und auf Katzenausstellungen. Der Vorteil: Die Katzen haben bis zur Abgabe meist einen Gesundheitscheck durchlaufen, sind geimpft und entwurmt. Entsprechende Papiere belegen die Gesundheit des Tieres. Außerdem kennen seriöse Züchter die Eigenarten ihrer Lieblingsrasse genau, können Tipps zur Haltung erteilen. Die meisten Züchter sind langjährige Katzenfans, denen das Wohl der Tiere am Herzen liegt. Doch wie überall gibt es auch hier schwarze Schafe, die nur auf Profit aus sind. Einen guten Katzenzüchter erkennen Sie unter anderem daran, dass er nicht nur Fragen rund um die Katzenhaltung beantwortet, sondern auch welche an den künftigen Halter stellt. Fragen nach der Wohnsituation, Zeit und Erfahrung des Interessenten zeugen von der Gewissenhaftigkeit des Züchters und davon, dass er seine Schützlinge optimal untergebracht sehen will. Ein guter Züchter macht keine schnelle Übergabe an der Haustür, sondern gewährt einen Blick auf die Haltungsbedingungen der Jungtiere und auf das Muttertier. Die Jungkatzen sollten Möglichkeiten zum Spielen, ausreichend Schlafplätze und ihre Mutter in der Nähe haben. Sie sollte ebenso gesund aussehen wie die Kleinen.

Pfoten weg von Rasseschnäppchen

Für manche ist die Katzenzucht nur ein Hobby, das keinen Profit abwerfen muss. Finden Sie bei solch einem Hobbyzüchter ein günstiges Rassetier, haben Sie Glück gehabt und tatsächlich ein Schnäppchen gemacht. Bei allzu günstigen Angeboten aus dem Internet ist allerdings Vorsicht geboten. Vor allem aber bei Kofferraumverkäufen an Autobahnraststätten, auf Parkplätzen und in Hinterhöfen. Hier entpuppt sich manches Schnäppchen als tragische Großinvestition. Auch wenn die Tiere noch so niedlich gucken und der Preis für exotische Rassen noch so günstig erscheint, sind kritische Fragen vor dem Kauf geboten. Wo ist das Muttertier? Ist es nicht in der Nähe, sollten Sie vor dem Kauf unbedingt einen Besichtigungstermin vereinbaren. Sind die Tiere geimpft und haben gültige Papiere? Sehen die Tiere gesund aus und sind bereits mehrere Monate alt? Geht der Verkäufer liebevoll mit den Tieren um oder sind sie für ihn nur eine Ware?
Manch ein Hunde- und Katzenverkäufer auf Parkplätzen ist nur aufs schnelle Geld aus und betreibt Massenzuchten, in denen die Weibchen unter erbärmlichen Bedingungen als Gebärmaschinen gehalten werden. Nur so sind die angebotenen Schnäppchenpreise möglich. Die Jungtiere werden oft viel zu schnell entwöhnt, sind kränklich und die Sterberate ist hoch. Sollte Ihnen solch ein Freiluftverkäufer komisch vorkommen, lassen Sie lieber die Finger davon und benachrichtigen im Zweifelsfall die Polizei oder den Tierschutz. Es gibt schließlich genügend Möglichkeiten, mit reinem Gewissen ein gesundes Tier zu kaufen.

Private Gesuche

Ob im Supermarkt, der Mensa, im Tierheim oder Futtergeschäft: Fast überall scheinen die Zettel zu hängen, mit denen Katzenhalter neue

Augen auf beim Katzenkauf

Mindestalter

Soll die Katze gesund und gut sozialisiert sein, darf sie nicht zu früh von der Mutter getrennt werden. Sind Katzen jünger als acht Wochen, brauchen sie auf jeden Fall noch ihre Mutter. Werden sie vorher abgegeben, ist das gewissenlos und eventuell gesundheitsschädigend. Besser ist es, wenn die Katze bei der Vermittlung bereits zehn oder im Idealfall mindestens zwölf Wochen alt ist.

Gesundheit

Sieht die Katze gesund aus, hat glänzendes Fell, trockene Nase und Augen? Sind die Ohren frei von Milben und der After sauber? Bewegt sie sich normal? Wenn nicht, ist Vorsicht geboten. Hat das Tier einen Impfpass, der tierärztliche Behandlungen belegt? Wenn nicht, sollte die Katze nach dem Kauf sicherheitshalber einem Arzt vorgestellt werden.

Besitzer für ihre Schützlinge suchen. Auch in Inseraten in Tageszeitungen, auf Internetseiten und in Fachzeitschriften suchen regelmäßig Katzen ein neues Zuhause. Wer auf dem Land wohnt, findet oft auf Bauernhöfen in der Nachbarschaft Katzennachwuchs, der abgegeben werden soll. Nicht nur Katzenbabys suchen so ein neues Heim. Auch ältere Tiere werden auf diese Art oft vermittelt, weil sich die Lebensumstände der Halter verändert haben. Wer keinen Wert auf adelige Herkunft legt, wird beim regelmäßigen Durchstöbern der Privatgesuche bestimmt fündig. Scheu, aktiv, anhänglich: Wenn Sie sich für eine Katze aus einer Annonce interessieren, fragen Sie nach ihrer Persönlichkeit, eventuellen Krankheiten und Ansprüchen. Vereinbaren Sie einen Kennenlerntermin zum gegenseitigen Beschnuppern vor der Zusage. Dann können Sie sich auch vom Gesundheitszustand der Katze überzeugen. Interessieren Sie sich für ein Katzenbaby von privat, lohnt sich wie beim Züchter auch ein Blick auf das Muttertier. Katzen von privat sind meist kostenlos oder gegen eine geringe Gebühr zu haben. Doch bei Jungkatzen kann die Anschaffung im Nachhinein trotzdem teurer werden, wenn sie nicht geimpft und entwurmt sind. Fragen Sie deshalb nach dem Impfpass oder bereits vorgenommen Behandlungen eines Tierarztes.

Tierheim

In deutschen Tierheimen warten etliche Katzen auf eine zweite Chance. Dabei handelt es sich keineswegs nur um misshandelte Tiere, die Verhaltensstörungen zeigen. Dort gibt es auch viele aufgeschlossene Katzen, die ein Schicksalsschlag dorthin gebracht hat. Sogar Rassekatzen finden dort regelmäßig eine Unterkunft auf Zeit. In den meisten Tierheimen kennen die Mitarbeiter ihre Schützlinge ziemlich genau, wissen um deren Vorlieben, Ängste und Charakter. Dass man im Heim die Katze im Sack bekommt, ist somit meist nicht mehr als ein Vorurteil. Wer hier ein Tier adoptiert, muss eine Gebühr zahlen, mit der Futter- und Tierarztkosten gedeckt werden. Denn die Katzen werden vor der Abgabe in der Regel geimpft, kastriert und auf Krankheiten getestet.

Kapitel 2

Der neue Mitbewohner

Haben Sie sich für eine Katze als Mitbewohner entschieden und bereits ein Tier ausgesucht, kann es mit den Vorbereitungen losgehen. Nun kommt eine aufregende Zeit auf Sie zu, in der nichts mehr sein wird wie zuvor.

- Die Grundausstattung
- Wie Katzen wohnen wollen
- Gefahren im Haushalt
- Die Katze zieht ein

Alles für die Katz – Die Grundausstattung

Rattansofas im Miniformat, Näpfe voller Strasssteine und Katzenstreu mit Babypuderduft: Wer zum ersten Mal einen Laden für Tierbedarf betritt, ist schnell irritiert bei der riesigen Auswahl an Zubehör. Das Geschäft mit den Haustieren ist inzwischen ein gigantischer Industriezweig geworden, der nicht allein von den Bedürfnissen der Tiere, sondern auch von der Kauffreudigkeit der Halter lebt. Um seine Katze optimal zu versorgen, muss aber niemand Unsummen ausgeben. Dem Tier ist es egal, ob die Trinkschale einen oder 100 Euro gekostet hat, solange sie sauber und stets gefüllt ist. Über Design und Preisklasse entscheiden allein Ihr Geschmack und Budget.

Transportbox

Um die Katze sicher ins neue Heim zu bringen, ist eine Transportbox nötig. Bei provisorischen Behältnissen wie Kartons sind Ausbruchs- und Verletzungsgefahr zu groß. Eine spezielle Box können künftige Katzenhalter sich notfalls von Freunden leihen. Besser ist es, immer eine eigene Transportkiste im Haus zu haben. So steht sie in Notfällen direkt für die Fahrt zum Tierarzt parat. Viele Katzen nutzen das Behältnis auch gerne als Schlafhöhle, wenn es mit einer Decke ausgestattet in der Wohnung steht. Die Box sollte groß genug sein, damit die Katze darin ausgestreckt liegen kann. Besonders empfehlenswert sind die leicht zu reinigenden Kisten aus Kunststoff. Wer zudem bereits mit einer scheuen Katze beim Tierarzt war, die sich auf dem Behandlungstisch in die hinterste Ecke des Tragekorbs verkriecht, der weiß die Vorteile einer Box zu schätzen, die ein abnehmbares Oberteil besitzt.

Näpfe

Beim Trinken sind Katzen nicht wählerisch, wenn es darum geht, sich einen Napf zu teilen. Um Streit zu vermeiden, sollte aber jedem Tier ein eigener Fressnapf zur Verfügung stehen. Ob Keramik, Kunststoff oder Metall, spielt keine Rolle. Manche Katzen fressen gerne außerhalb des Napfes und fischen sich Futterbrocken heraus. Daher stehen die Näpfe am besten auf einer leicht zu säubernden Unterlage.

Katzentoilette

Bei der Wahl der passenden Katzentoilette scheiden sich die Geister. Vor allem die der Katzen. Während einige Samtpfoten die Bewegungsfreiheit in einfachen Schalentoiletten bevorzugen, favorisieren andere die Privatsphäre, die eine Haubentoilette mit Deckel bietet. Es gibt auch vollkommen geschlossene Modelle mit Schwingtür, aus denen fast kein Geruch austritt. Das scheint praktisch für den Menschen, ist aber ein Gräuel für feine Katzennasen und wird daher von vielen Vierbeinern abgelehnt. Im Mehrkatzenhaushalt sollten mindestens so viele Katzentoiletten wie Katzen vorhanden sein.

Einkaufsliste für die Erstausstattung:

- *Transportbox*
- *Futternäpfe*
- *Wassernapf*
- *Katzentoilette*
- *Streuschaufel*
- *Kratzmöbel*
- *Bürste*
- *Körbchen*
- *Spielzeug*

Streu und Schaufel

Fein oder grob, klumpend oder nicht, aus Holz oder Ton: Die Wahl der Streusorte trifft oft die Katze. Viele Vierbeiner bevorzugen feinkörnige Streu aus Ton. Besonders hygienisch ist Klumpstreu, die beim Aufnehmen von Flüssigkeit verklumpt. Das verhindert ein Vermischen von benutzten und sauberen Körnern. Die Klumpen werden mit einer speziellen Streuschaufel herausgeschaufelt. So bleibt die Katzentoilette länger sauber und die Grundreinigung wird nicht so häufig fällig. Bei anderen Streusorten wird nur der Kot mit der Schaufel entfernt.

Kratzbaum

Kratzen gehört zu den Grundbedürfnissen der Katze. Findet sie zum Schärfen ihrer Krallen keine speziellen Kratzmöbel vor, sucht sie sich einen Ersatz. Das können die Raufasertapete, der Holzschrank oder das Ledersofa sein. Wer kein Lochmuster in der Polstergarnitur haben möchte, braucht eine artgerechte Alternative in Form eines Kratzbaums oder eines Kratzbretts. Ob groß oder klein, mit integrierten Höhlen oder schlicht: Der Kratzbaum sollte einen guten Stand haben und selbst bei wildem Toben auf keinen Fall umfallen.

Bürste

Vor allem für Vertreter der Langhaarrassen wie Perser ist eine Bürste Pflicht. Je nach Felllänge werden verschiedene Variationen im Handel angeboten. Bei Kurzhaarkatzen reicht meist ein Noppenhandschuh oder eine Bürste mit weichen Borsten. Langhaarkatzen pflegt man am besten mit einem Modell mit feinen Zinken. Ein zusätzlicher Trimmkamm löst verfilzte Haarknötchen aus dem Fell. Halter von Freigängern sollten zudem Flohkamm und Zeckenzange im Haus haben.

Katzenbett

Jede Katze braucht einen eigenen Rückzugsplatz, an dem sie ungestört entspannen kann. Die Auswahl reicht von Stoffhöhlen über klassische Körbchen bis hin zu Hängematten. Katzen zeigen sich aber oft eigen, wenn es um deren Einrichtungsgeschmack geht. Schon mancher Vierbeiner hat einen ausgedienten Pappkarton einer Designerliege vorgezogen.

Spielzeug

Katzen lieben es, zu spielen. Anfangs wird das Erkunden des neuen Heims aber für Ihre Katze aufregend genug sein. Daher reicht es, zunächst nur zwei oder drei Spielzeuge wie einen Flummi und eine Spielmaus zur Beschäftigung anzubieten. Ein Federwedel (Stab mit Federbüschel) erleichtert außerdem beim gemeinsamen Spielen die Kontaktaufnahme.

Wer bist denn du? Jede Katze braucht Spielzeug.

Wohlfühloase – Wie Katzen wohnen wollen

Wären Katzen Innenarchitekten, sähen unsere Wohnungen völlig anders aus. Puristische Designerlofts gäbe es ebenso wenig wie verschließbare Türen. Jedes Haus wirkte eher wie ein voll gestellter Dachboden als ein aufgeräumtes Heim. Zum Glück muss niemand seine Wohnung neu einrichten, weil er sich eine Katze anschafft. Schließlich haben auch Menschen ein Recht darauf, so zu wohnen, wie sie sich wohl fühlen. In vielen Fällen lassen sich Kompromisse zwischen Mensch und Tier schließen. Je mehr der felinen Vorlieben man berücksichtigt, desto schöner die Katzenwohlfühloase.

Beständigkeit

Obwohl Katzen neugierig sind, hassen sie große Veränderungen in ihrem Revier. Nur wenn alles an seinem Platz ist und sie sich nicht ständig neu zurechtfinden müssen, fühlen sich Katzen sicher. Renovieren und das Umräumen der Einrichtung lassen sich nicht immer vermeiden. Doch zumindest die Habseligkeiten der Katze sollten ihren festen Standort haben, damit sie Kratzbaum, Katzentoilette und Futterstelle stets auf Anhieb wiederfindet.

Verstecke

Katzen mögen Höhlen. Wenn Sie Ihre Katze einmal nicht sofort finden, steckt sie vielleicht im Bücherregal, im Reisekoffer oder gar unter dem Teppichläufer. Oder sie hat sich unauffällig in den Kleiderschrank gezwängt, dessen Tür kurz offen stand. Wessen Wohnung nur wenige Versteckmöglichkeiten bietet, der kann seiner Katze mit über Möbel gelegten Decken provisorische Höhlen bauen. Auch Papiertüten, bei denen die Henkel entfernt wurden (Strangulierungsgefahr), bereiten Katzen Freude. Darüber hinaus bietet der Fachhandel Plüschhöhlen, Spieltonnen und Stofftunnel an.

Schlaf gut

Katzen schlafen dort, wo es ihnen passt. Und das variiert ständig. Mal ist der Lieblingsplatz am Kopfende des Bettes, mal an der Türschwelle oder zwischen den Unterlagen auf dem Schreibtisch. Trotz ihrer unvorhersehbaren Vorlieben brauchen Katzen einen festen Platz nur für sich. Stören sollte hier für Menschen Tabu sein. Deshalb steht das Katzenbett am besten fern von Lärm und hektischem Treiben.

Hoch hinaus

Ob drinnen oder draußen, Katzen schauen dem alltäglichen Treiben gerne von erhöhten Plätzen aus zu. Auch zum Schlafen nutzen sie oft die Sicherheit der obersten Regalablage, des Gartenhäuschens, der höchsten Empore des Kratzbaums. Viele Katzen mögen es, wenn Körbchen oder Kissen auf solch einem Plateau liegen. Man kann der Miez auch ein Fach im Bücherregal frei räumen oder mit Winkeln verstärkte Bretter extra an die Wand schrauben. Von den erhöhten Lieblingsplätzen der Katze sollten Vasen und Zerbrechliches in Sicherheit gebracht werden, damit nichts beim Spielen herunterfällt.

Schöne Aussichten

Fensterbänke könnten eine Erfindung von Katzen sein. Stubentiger und Freigänger schätzen es gleichermaßen, am Fenster zu liegen. Vor allem dann, wenn etwas Natur in Sichtweite ist. Was für uns das Fernsehen, ist für die Katze das Beobachten von Vögeln, Eichhörnchen und fallendem Laub und Schnee. Ein besonderer

Genuss ist das Räkeln in Sonnenstrahlen, die eine nahezu hypnotische Wirkung auf Katzen ausüben. Aus einer breiten Fensterbank wird mit Decken und Kissen ein kleines Katzenparadies. Ist der Sims zu schmal, lässt er sich mit einem daneben gestellten Stuhl oder Kratzbaum verbreitern.

Kratzen

Je größer der Kratzbaum, desto eher entscheidet das Platzangebot in der Wohnung über dessen Standort. Ist kein Platz in der Nähe eines Fensters, kann er auch an einen anderen Ort gestellt werden, an dem die Katze sich gerne aufhält. Katzen verbinden das Schärfen von Krallen gerne mit dem genüsslichen Strecken des Körpers nach dem Schlafen. Steht der Kratzbaum weit vom Schlafplatz entfernt, können kleine Kratzbretter helfen, das Mobiliar zu schützen. Sie werden etwa auf der Strecke zwischen Schlaf- zum Futterplatz an der Wand montiert.

Futterplatz

Jede Katze benötigt ihre eigene, feste Futterstelle. Die Tiere fressen gerne ungestört. Deshalb sollte sich der Fressnapf in einer ruhigen Ecke befinden, in der wenig Durchgangsverkehr herrscht. Da viele Katzen ungern an derselben Stelle fressen und trinken, platzieren Sie den Wassernapf einfach ein paar Meter weit entfernt.

Stilles Örtchen

Katzen möchten in Ruhe ihr Geschäft verrichten, ohne dass ständig jemand an ihnen vorbeigeht. Deshalb gehört die Katzentoilette ebenfalls in eine ruhige Ecke wie in das Gäste-WC oder Badezimmer. Dort steht es auch weit genug vom Fressnapf entfernt. Denn auf eine räumliche Trennung von Futterplatz und Toilette legen Katzen besonderen Wert. In einem großen Haus sollte auf jeder Etage eine Katzentoilette zur Verfügung stehen, damit der Vierbeiner jederzeit schnellen Zugang zu ihr hat, egal wo er sich befindet.

Krallen helfen, wenn es mal juckt. Wer das Sofa vor diesen vielseitigen Werkzeugen zum Jagen, Klettern und Markieren schützen will, braucht als Ersatz einen Kratzbaum.

Auf Nummer Sicher – Gefahren im Haushalt

Katzen sind neugierig, müssen wie Kleinkinder alles begutachten und ausprobieren. Selbst Dinge, die ihnen gefährlich werden können. Vor allem junge Kätzchen finden zielsicher jede Gefahrenquelle im Haushalt. Deshalb ist es am Einfachsten, Gefahren schon vor dem Einzug des neuen Mitbewohners zu finden und zu beseitigen.

Balkon

Ein Balkon bietet Stubentigern ein Stück Natur. Da beim Anblick eines vorbeifliegenden Vogels der Jagdtrieb über die Vorsicht siegen kann, muss der Balkon mit einem Katzennetz gesichert sein. Das gilt auch für offene Fenster, um Abstürze zu vermeiden.

Gifte

Vergiftungsgefahr droht auch bei Medikamenten, Dünge-, scharfen Reinigungs- und Frostschutzmitteln. Die Behälter sollten verschlossen und für Tiere unzugänglich aufbewahrt werden.

Müll

Katzen sind Meisterdiebe. Herumliegende Nahrungsmittel müssen ebenso vor ihnen in Sicherheit gebracht werden wie der Hausmüll, für den man am besten einen Behälter mit Deckel benutzt.

Waschmaschine

Dunkel, warm und höhlenartig: Waschmaschinen und Trockner sind in den Augen von Katzen perfekte Schlafstätten. Damit das Tier nicht mit den Krallen in den Löchern der Trommel hängen bleibt und beim nächsten Waschgang nicht übersehen wird, die Tür immer verschließen.

Küche

Wenn es aus der Küche duftet, sind Katzen sofort zur Stelle. Deshalb sollte der Vierbeiner nicht zusammen mit heißen Herdplatten und eingeschaltetem Toaster allein im Raum gelassen werden. Auch bei heißen Bügeleisen und offenem Feuer, etwa Kerzen, droht Verbrennungsgefahr.

Fenster

Wenn aus einem Spalt der Duft der Freiheit hineinweht, müssen Katzen ihren Kopf einfach hindurchzwängen. Daher sind offene Kippfenster lebensgefährlich. Schon viele Katzen haben sich stranguliert, indem sie mit dem Kopf im Fensterspalt stecken geblieben sind. Deshalb sollten Sie Ihre Fenster mit speziellen Kippschutzgittern sichern oder beim Lüften mit im Raum bleiben.

Badezimmer

Wenn Katzenbabys die Welt erkunden, machen sie auch vor Badewanne und Toilettenschüssel nicht halt. Die Sanitäranlagen sind so glatt, dass Kätzchen nicht wieder aus eigener Kraft hinausklettern und so ertrinken können. Daher den Deckel geschlossen halten und bei gefüllter Wanne in der Nähe bleiben.

Unordnung

Katzen zwingen ihre Halter zur Ordnung. Denn viele herumliegende Gegenstände können zur tödlichen Falle werden. Spitze Gegenstände wie Messer und Nadeln ebenso wie Plastiktüten, in denen die Tiere ersticken können. Schnüre und Bänder sollten nur unter Aufsicht zum Spielen angeboten werden.

Ein Nickerchen auf der Rillenabdeckung der Heizung: Der Lieblingsplatz vieler Katzen ist gemütlich, aber gefährlich.

Heizung

Katzen lieben Heizungen. Dort ist es warm und kuschelig. Zusätzlich bietet die erhöhte Plattform einen guten Überblick über das Geschehen im Haus. Kein Problem bei Nachtspeicheröfen und Rippenheizungen. Bei modernen Geräten mit Rillen in der Abdeckung wird der Schlafplatz zur Gefahr. Bleibt die Katze mit den Zehen in den Ritzen hängen, kann sie sich selten selbst befreien und muss dort baumelnd auf Hilfe warten. Ungefährlicher, bequemer und ebenso warm ist eine Katzenhängematte, die an den Heizkörper gehängt wird.

Katzen knabbern gerne an Pflanzen. Aber Vorsicht: Viele Zierpflanzen sind giftig.

Pflanzen

Katzen kauen gerne an Blumensträußen und Topfpflanzen. Viele Zierpflanzen sind allerdings giftig und gehören nicht in Reichweite von Katzen. Auch ungiftige Exemplare sollten nicht in großen Mengen verzehrt werden. Beim Neukauf nachfragen, ob die Pflanzen mit giftigen Schutzmitteln behandelt wurden.

Giftige Pflanzen	**Ungiftige Pflanzen**
Alpenveilchen	Geweihfarn
Amaryllis	Glockenblume
Birkenfeige	Hibiskus
Calla	Heidekraut
Chrysantheme	Kamelie
Efeu	Katzenminze
Korallenbäumchen	Kentia-Palme
Lorbeer	Kokospalme
Maiglöckchen	Phoenixpalme
Oleander	Schwarzaügige Susanne
Weihnachtsstern	Thymian

Bei den aufgezählten Pflanzen handelt es sich um eine unvollständige Auswahl. Eine umfangreiche Datenbank zum Thema Giftpflanzen des Instituts für Veterinärpharmakologie und -toxikologie der Universität Zürich finden Sie im Internet: **www.giftpflanzen.ch**

Willkommen, Miez – Die Katze zieht ein

Ist die Wohnung katzensicher und die Grundausstattung besorgt, kann der neue Mitbewohner endlich kommen. Den Tag des Einzugs können alle Menschen im Haushalt vor lauter Vorfreude wahrscheinlich kaum erwarten. Bei aller Aufregung gerät schnell in Vergessenheit, dass es der Katze in dieser Situation anders ergeht. Sie wird aus ihrem vertrauten Revier geholt, in eine Box gesteckt und weiß nicht, wo sie landen wird. Deshalb heißt das oberste Gebot im Umgang mit der neuen Katze: Geduld. Haben Sie Verständnis dafür, wenn die Katze nicht ebenso euphorisch ist wie Sie und sich vielleicht zunächst in eine dunkle Ecke verkriecht.

Abholen

Für die Ankunft der Katze eignet sich ein ruhiger Tag, an dem weder laute Arbeiten noch Besuch eingeplant sind. Zumindest einer der Halter sollte an dem Tag frei haben. Legen Sie den Termin in den Urlaub oder an den Anfang eines verlängerten Wochenendes. Dann können Sie zusehen, wie die Katze ihr neues Heim erkundet und sie gleich besser kennen lernen. Wenn möglich, holen Sie die Katze mit dem Auto ab. Im überfüllten Bus, in dem Kinder ihre Hände und Hunde ihre Nase durch die Gitter der Transportbox stecken, kann die Katze Panik bekommen. Selbst wenn das Tier noch so kläglich maunzt, muss es den gesamten Transport über in der Box bleiben.

Endlich da

Zuhause angekommen ist der Neuankömmling je nach Temperament neugierig oder erschöpft. Wenn Sie den Tragekorb in ein abgelegenes Zimmer stellen, kann die Katze selber entscheiden, ob sie sich erholen möchte oder nicht. So schwer es auch fällt, sollte das Tier erst einmal eine Weile in Ruhe gelassen werden. Überlassen Sie den ersten Schritt der Kontaktaufnahme der Katze.

Annäherung

Kommt die Katze von alleine zu Ihnen, steckt neugierig den Kopf zur Tür herein, sprechen Sie sie ruhig an. Wenn Menschen sich hinhocken, wirken sie für das kleine Tier weniger bedrohlich. Vielleicht ist so schon ein erster Kontakt möglich. Jetzt heißt es, entspannt bleiben. Hektische

Manche Katzen machen sich nach dem Einzug unsichtbar. Da helfen nur Geduld und Verständnis dem ängstliche Tier.

Einfach entspannt. Doch bis es soweit ist, muss man in kleinen Schritten das Vertrauen des Neuankömmlings gewinnen.

> ### *Was man am ersten Tag vermeiden sollte*
>
> - *Hektik im Haushalt*
> - *Staubsaugen*
> - *Besuch einladen*
> - *Handwerksarbeiten*
> - *Laute Geräusche/Musik*
> - *Umstellen der Möbel*
> - *Strenge Gerüche (Raumspray, Parfum)*
> - *Nach der Katze greifen*
> - *Forsch auf die Katze zugehen*
> - *Freigang*

Bewegungen könnten ebenso erschreckend wirken wie lautes Rufen. Also nicht forsch nach ihr greifen, sondern abwarten, was die Katze macht. Stuft sie die anwesenden Menschen als ungefährlich ein, zeigt sie das, indem sie auf Sie zugeht oder gelassen den Raum erkundet. Streckt sie dabei den Schwanz in die Höhe, dürfen Sie das als herzliche Begrüßung auffassen. Wenn die Katze ihren Kopf an der Menschenhand reibt, kann man sie vorsichtig streicheln. Hat das Tier Vertrauen gefasst, gehen Sie mit ihm langsam herum, zeigen ihm die Wohnung, die Katzentoilette und die bereits gefüllten Näpfe, während Sie ruhig mit ihm reden. Ist die Katze noch nicht bereit und verlässt scheu den Raum, ist das auch nicht schlimm. Schließlich soll mit dem Mitbewohner eine mehrjährige Partnerschaft entstehen. Da kommt es auf ein paar Stunden oder Tage nicht an.

Keine Angst

Sitzt die Katze zunächst nur ängstlich in der Ecke, lassen Sie sie. Wahrscheinlich wartet sie auf den Einbruch der Nacht, wenn sie die Wohnung unbeobachtet erkunden kann. Bis dahin können Sie leise vor sich hinreden, wenn Sie den Raum betreten, in dem sich die Katze befindet. So gewöhnt sie sich an Ihre Stimme. Ist das Tier nur ein wenig schüchtern, aber nicht panisch, können Sie sich in ihre Nähe setzen, etwas erzählen. Alternativ können Sie ihr auch aus einem Buch vorlesen. Das mag einem während der ersten Minuten zwar seltsam erscheinen. Dieses komische Gefühl verschwindet aber spätestens dann, wenn die Katze eingehüllt in die menschliche Stimme zu entspannen beginnt. Katzen finden es bedrohlich, angestarrt zu werden (siehe Kapitel »Wie bitte? Die Sprache der Katzen«). Wenn Sie das Tier ansehen, beschwichtigen Sie es, indem Sie blinzeln. Reckt die Katze neugierig ihren Kopf, kann man ein erstes Spiel versuchen und zum Beispiel einen Schnürsenkel vor ihr über den Boden ziehen. Steigt sie darauf ein, ist ein Stück des Eises gebrochen. Ansonsten heißt es weiter abwarten.

Andere Katzen

Wer schon eine Katze hat und ihr nun Gesellschaft ins Haus holt, sollte dem Neuling zunächst wenig Beachtung schenken, da sonst Eifersucht droht. Kümmern Sie sich intensiv um die Erstkatze, damit sie den neuen Spielgefährten nicht als Bedrohung ansieht. Für Letzteren ist sowieso alles neu und aufregend, so dass er es bestimmt verkraftet, in der Anfangsphase nur Nummer Zwei zu sein. Wenn beide Tiere satt und ausgelastet sind, erleichtert das das Kennenlernen. Es kann helfen, wenn die Katze feststellt, dass sie genauso riecht wie ihr Gegenüber. Träufeln Sie dazu beispielsweise beiden Tieren ein paar Tropfen köstlich duftenden Thunfischöls ins Fell.

Die Vergesellschaftung von Katzen verläuft je nach Temperament und Erfahrungen der Tiere extrem unterschiedlich. Manchmal herrscht schon nach kurzem Fauchen Friede, Freude, Sonnenschein, dann wieder dauert es Wochen oder gar Monate, bis die Tiere sich akzeptieren. Vor der Zusammenführung muss unbedingt getestet werden, ob die erste Katze sich überhaupt mit Artgenossen verträgt. Obwohl Katzen soziale Tiere sind, dulden einige Exemplare keine Artgenossen in ihrer Nähe, wenn sie zuvor lange allein gelebt haben. Laden Sie für den Test einen Bekannten mit seiner Katze ein, um zu sehen, was passiert. Läuft alles problemlos, spricht nichts gegen eine Zweitkatze, sofern auch die sozialverträglich ist. Dass Katzen, die nicht zusammen aufgewachsen sind, den ganzen Tag miteinander kuscheln und gegenseitige Fellpflege betreiben, darf leider niemand erwarten. Anfängliche Reibereien und kleine Revierkämpfe sind normal und zu ignorieren. Halten die Kämpfe langfristig an und sind so heftig, dass Verletzungen drohen oder ein Tier sich nicht frei im Haus bewegen kann, brauchen Sie sehr viel Einfühlungsvermögen, damit aus den Streithähnen noch Freunde werden. Am besten holen Sie sich fachkundigen Rat beim Züchter, Tierarzt, Verhaltenstherapeuten oder einer anderen Beratungsstelle.

Junge Katzen vertragen sich in der Regel auf Anhieb mit Artgenossen und gewöhnen sich schnell ein.

Erstes Beschnuppern – Die Eingewöhnung

Wie bei allen Freundschaften braucht auch die mit einer Katze oft Zeit, um sich zu entwickeln. Das geht bei Katzenkindern schneller, bei älteren Tieren etwas langsamer vonstatten. Lernen Sie Ihre Katze ganz in Ruhe kennen, werden Sie bestimmt mit einer Extraportion Vertrauen belohnt.

Kontaktaufnahme

Ob erste Kontaktaufnahme, der Aufbau von Vertrauen oder Erziehung: Im Umgang mit Katzen heißt die wichtigste Tugend stets Geduld. Besonders in der Eingewöhnungszeit sollten die Annäherungsversuche vorsichtig sein. Auch im Haushalt lebende Kinder müssen wissen, dass wildes Hinterherrennen die Katze eher verschreckt, als zum Kuscheln bewegt. Lassen Sie die Katze das Tempo bestimmen und entscheiden, wann sie den nächsten Schritt auf Sie zugeht und sich zum Beispiel erstmals kraulen lässt. Sollte das Tier sein Versteck in der Anwesenheit von Menschen tagelang nicht verlassen, bieten Sie ihm immer wieder behutsam die Möglichkeit an, mit Ihnen Kontakt aufzunehmen. Reden Sie wie schon am ersten Tag beim Näherkommen leise vor sich hin oder setzen Sie sich zu ihm. Während Ihrer Abwesenheit können Sie das Radio leise anschalten, um die Katze an menschliche Stimmen zu gewöhnen. Ruhige Klassikmusik soll außerdem entspannend auf Katzen wirken. Verlieren Sie nicht den Mut. Irgendwann kommt selbst das scheueste Tier aus der Ecke heraus. Manchmal kann ein Leckerbissen wie gegartes Hühnchenfleisch das Eis brechen.

Freigang

Anfangs wird die Katze viel Zeit damit verbringen, die Umgebung zu erkunden und die Abläu-

Katzenbabys finden es aufregend, die Umgebung zu entdecken.

Ruhepause: Auch ein verspieltes Kätzchen muss mal schlafen.

Selbst wenn die Katze sich bereits eingelebt und an ihre Menschen gewöhnt hat, zieht sie sich regelmäßig an ruhige Plätze zurück. Dann ist Stören verboten.

Aus dem Kätzchen ist mit viel Ruhe und Geduld eine entspannte Katze geworden.

Selbst Katze und Hund können trotz anfänglicher Missverständnisse durch unterschiedliche Körpersprachen gute Freunde werden. Der erste gemeinsame Spaziergang sollte aber warten, bis die Katze sich eingewöhnt hat.

fe im neuen Heim zu studieren. In dieser Phase sollten auch Freigänger noch drinnenbleiben. Erst wenn die Katze jeden Winkel der Wohnung kennt und genau weiß, dass sie dorthin gehört, darf sie hinaus. Nach rund zwei bis drei Wochen können Sie mit ihr den Garten besichtigen und schrittweise die Freigangszeiten erhöhen. Wenn das Tier beim ersten Spaziergang hungrig ist, steigern Sie die Chance, dass es zunächst nicht so lange fortbleibt und beim Rufen direkt zurückkommt.

Vertrautes

Wirkt die Katze scheu und resigniert, erleichtern vertraute Dinge die Eingewöhnung. Das kann das heiß geliebte Plüschtier sein oder die Kuscheldecke, die der Vorbesitzer Ihnen mitgegeben hat. Vielleicht hat er Ihnen verraten, welche Futter- und Einstreusorte die Katze bevorzugt, so dass Sie zumindest anfangs die gleichen Produkte verwenden können.

Alltag

Die Katze wird sich mit der Zeit an den Tagesablauf gewöhnen. Sie lernt, wann die Menschen nach Hause kommen und welche Handgriffe die Fütterung ankündigen. Katzen lieben Rituale. Wenn es um deren Einhaltung geht, können sie sturer sein als jeder Mensch. Feste Gewohnheiten geben ihnen eine Orientierung im manchmal unvorhersehbaren Alltag. Zu wissen, dass es nach dem langen Freigang Futter gibt oder eine Spielstunde, nachdem ihr Mensch heimgekehrt ist, das gibt der Katze Sicherheit. Deshalb sollten Sie Ihrem Schützling nicht nur in der Eingewöhnungsphase Rituale bieten. Versuchen Sie, die Katze täglich zur selben Zeit zu füttern, feste Zeiten zum Spielen oder Bürsten einzurichten.

Kennt die Katze jeden Winkel der Wohnung und fühlt sich heimisch, darf sie raus ins große Abenteuer.

Das bin ja ich! Katzen gewöhnen sich schnell an ihren Namen.

Der eigene Name

Katzen lernen schnell, dass es ein Wort gibt, mit dem nur sie gemeint sind. Die meisten Katzenhalter haben ein ganzes Repertoire an Kosenamen für ihr Tier. Das sollte aber warten, bis die Katze ihren Namen kennt. Im Idealfall heißt die Katze weiterhin so wie zuvor. Das bringt ein wenig Vertrautheit in ihren neuen Alltag. Handelt es sich um ein Fundtier oder hatte die Katze vorher einen unaussprechlichen Namen, muss ein neuer her. Der ist im besten Fall zweisilbig. Alles andere ist schwer zu rufen und wird auf Dauer sowieso meist abgekürzt. Katzen prägen sich Namen mit vielen und weichen Vokalen gut ein. »Charly« und »Minka« eignen sich eher als »Rolf« oder »Sir Richardson«. Sprechen Sie Ihre Katze oft mit ihrem Namen an. Vor allem dann, wenn etwas Positives wie die Spielstunde oder Futter folgt. Dann wird sie das neue Wort im Handumdrehen lernen.

Das Gewohnheitstier Katze liebt Rituale wie das Dösen in der Mittagssonne oder die abendliche Spielstunde.

Sicher können nur die wenigsten Menschen ihren Tagesablauf komplett auf die Katze abstimmen. Aber zumindest ein paar feste Rituale lassen sich meist arrangieren.

Verbote

Es ist schwierig, alte Gewohnheiten abzutrainieren. Wer die Katze anfangs bei Mahlzeiten auf dem Küchentisch herumspazieren lässt und das später unterbinden möchte, hat eine anstrengende Aufgabe vor sich. Die Katze wird sich fragen, warum etwas verboten ist, was früher erlaubt war. Deshalb überlegen Sie bereits zur Ankunft der Katze, was sie darf und lassen Sie eventuelle Verbote von Anfang an gelten. Soll die Katze etwa nicht in den Hobbykeller, weil dort gefährliche Lösungsmittel herumstehen, muss die Zimmertür ab dem Einzug der Katze stets verschlossen sein. Grundsätzlich sind Katzen von Verboten wenig begeistert. Um die durchzusetzen, benötigen Sie wieder einmal Geduld, Geduld, Geduld.

Kapitel 3

Gepflegte Beziehung

Gute Beziehungen wollen gepflegt werden, damit sie lange halten. Bei der Freundschaft mit einer Katze bedeutet das nicht nur regelmäßige Zuwendung in Form von Spiel und Streicheleinheiten. Menschen müssen sich ebenso um Körperpflege und Ernährung des vierbeinigen Partners kümmern, damit der bis ins hohe Alter fit bleibt.

Katerfrühstück – Ausgewogene Ernährung

Auch wenn die Samtpfoten sich im Vergleich zu Hunden eine gewisse Autonomie bewahrt haben, sind sie als Haustiere dennoch auf uns angewiesen. Als Katzen und Menschen sich gegenseitig kennen und schätzen lernten, waren Katzen noch frei und unabhängig. Für das Futter sorgten sie selbst, indem sie Mäuse in den Kornspeichern der Menschen jagten. Die Bauern fanden es praktisch, dass die tierischen Jäger die Ernte schützten und erteilten ihnen Bleiberecht. Erst nach und nach wurde daraus eine enge Beziehung, in der die Tiere ihre Autonomie stückweise aufgaben. Obwohl Freigänger zwischendurch ein Beutetier mit nach Hause bringen, sorgt heute kaum noch eine Katze allein für ihre Ernährung. In der Regel sind die Tiere davon abhängig, was wir ihnen vorsetzen. Katzen sind Feinschmecker. Wie Menschen haben sie unterschiedliche Geschmacksvorlieben. Während einige Fisch lieben, bevorzugen andere Geflügel. Manche Tiere würden sich ausschließlich von Butter oder Sahne ernähren, wenn es ihnen möglich wäre. Katzen in menschlicher Obhut geht es bei der Futterwahl vorrangig um den Geschmack. Es ist an uns, dafür zu sorgen, dass die Nahrung auch bekömmlich und ausgewogen ist. Gesunde Ernährung hält die Katze aktiv, lässt das Fell glänzen und kann so manchen Tierarztbesuch ersparen.

Einmal Maus, bitte

Katzen stibitzen manchmal ein Stück Kartoffel oder Möhre. Dennoch sind sie eindeutig Fleischfresser. Pflanzliche Stoffe nehmen sie nur in geringen Mengen durch den Mageninhalt ihrer Beute auf. Vegetarische Ernährung verursacht bei ihnen Mangelerscheinungen. Die perfekte Kost für Samtpfoten ist diejenige, die auch ihre wilden Verwandten in freier Natur verspeisen: Mäuse. Auf Körpertemperatur erwärmt mitsamt Haut und Haaren. Im Kühlschrank neben Butter und Käse einen Vorrat an toten Mäusen lagern? Für Menschen eine bizarre bis eklige Vorstellung. Daher bietet der Handel allerhand Futtersorten an, deren Anblick uns weniger ekelt. Im besten Fall kommt der Inhalt der Dosen und Tütchen dem Nährstoffgehalt einer Maus ziemlich nahe.

Hohe Ansprüche

Ebenso anspruchsvoll wie die felinen Gaumen in Sachen Geschmack sind, ist auch das Verdauungssystem der Katze, wenn es um die Zusammensetzung des Futters geht. Hundefutter entspricht genauso wenig den Anforderungen an die Inhaltsstoffe wie Küchenabfälle. Neben Eiweiß- und Fettanteil muss auch das Verhältnis an Vitaminen und Mineralstoffen auf die Bedürfnisse der Katze abgestimmt sein. Zu viele Vitamine können teilweise ebenso schädlich sein wie zu wenige. Wer seinem Tier selbst gemachtes Futter bieten möchte, benötigt gute Kenntnisse über die Ernährungsbedürfnisse der Katze und die Inhaltsstoffe von Lebensmitteln. Einfacher ist es, fertige Katzennahrung zu kaufen. Wer zudem wenig Zeit hat, kann die besser investieren, um seine Katze kennen zu lernen und zu beschäftigen, anstatt sie zu bekochen.

Fix und fertig

Das handelsübliche Futter ist in der Regel den Bedürfnissen der Katze genau angepasst. Stückchen in Soße, Dampf gegarter Fisch und Fasan mit Gemüse: Die Namen der Futtersorten klingen lecker. Zumindest für Menschen. Denn die sollen das Futter schließlich kaufen. Vor dem Kauf lohnt sich neben dem Blick auf

Nagetiere sind die ideale Katzennahrung. Aber für Menschen ganz schön unappetitlich. Eine praktische und gesunde Alternative bietet Fertigfutter aus dem Fachhandel, das die Nährstoffzusammensetzung einer Maus imitiert.

die appetitlichen Bezeichnungen und passenden Fotos auch ein Durchlesen der angegebenen Inhaltsstoffe. Hinter dem Begriff »Tierische Nebenerzeugnisse« verbergen sich beispielsweise meist minderwertige Schlachtabfälle. Oft ist die im Namen angepriesene Ente nur mit einem zehnprozentigen Anteil vertreten. Auch wenn die Katze das nicht weiter stört, ist es doch interessant zu wissen, was man ihr da vorsetzt. Manchmal befinden sich im Fertigfutter sogar Stoffe, die dort nichts zu suchen haben. Wie zum Beispiel Zucker, der der Soße eine für Menschenaugen köstliche Karamellfärbung verleiht. Zucker gehört nicht auf den natürlichen Speiseplan von Katzen und verursacht in großen Mengen Karies. In freier Wildbahn nehmen Katzen hauptsächlich Eiweiß und auch Fett zu sich. Kohlenhydrate stehen kaum auf ihrer Menükarte. Auch wenn die dazugehörigen Ballaststoffe die Verdauung fördern, sollte der Anteil an Kohlenhydraten nicht zu hoch ausfallen.

Wer sich für Fertigfutter entscheidet, hat die Wahl zwischen preisgünstigem Futter aus dem Supermarkt und teurem Premiumfutter aus dem Fachhandel. Grundsätzlich hat auch bei Katzenfutter Qualität ihren sprichwörtlichen Preis. Wie überall bestätigen hier Ausnahmen die Regel. Normalerweise besitzt Premiumfutter hochwertigere Zutaten, die den höheren

Preis verursachen. Ob Sie das optimale Futter ausgewählt haben, erkennen Sie langfristig an Ihrem Tier. Glänzendes Fell, unauffälliger Stuhlgeruch und hohe Aktivität der Katze sind ein guter Indikator dafür, dass Sie alles richtig gemacht haben. Wer schon vor dem Kauf auf Nummer Sicher gehen will, kann sich über diverse Testinstitute und Publikationen wie Stiftung Warentest oder Öko-Test informieren. Katzen in besonderen Lebensphasen wie Kitten, säugende Katzenmütter und Senioren haben eigene Ansprüche und benötigen wie chronisch kranke Tiere ein speziell darauf abgestimmtes Futter.

Nass oder trocken

Im Handel werden sowohl Trockenfutter in Form von kleinen Bröckchen als auch Feuchtfutter in Schalen, Tüten und Dosen angeboten. Trockenfutter ist die preiswerteste Variante, mit der die Katze schon mit ein paar Cent pro Tag ernährt werden kann. Es riecht nicht so schnell, selbst wenn es im Napf über mehrere Stunden herumsteht. Da es nur etwa zehn Prozent Wasser enthält, muss die Katze unbedingt viel trinken, wenn sie ausschließlich Trockennahrung zu sich nimmt. Manche Sorten beinhalten einen erhöhten Salzanteil, um den Durst anzuregen. Das kann zu Harnproblemen führen. Nassfutter besteht zu einem Großteil aus Wasser, je nach Sorte rund 80 Prozent. Ein Napf voll Feuchtfutter besitzt viel weniger Kalorien als dieselbe Menge Trockennahrung. Beide Fütterungsarten haben also Vor- und Nachteile. Für eine ausgewogene Ernährung bietet sich eine Kombination beider Nahrungsformen an.

Guten Appetit!

Vor allem Stubentiger ohne Freigang fressen gern aus Langeweile. Wenn im Haus nichts los ist und die Menschen bei der Arbeit sind, dient die volle Futterschale als willkommene Abwechslung nach stundenlangem Herumdösen. In Haushalten mit mehreren Katzen kann Futterneid dazu führen, dass Katzen mehr fressen als ihnen gut tut. Ein ständig gefüllter Napf führt dann schnell zu Übergewicht. Das ist für Katzen ebenso gesundheitsschädlich wie für Menschen. Dicke Tiere wirken außerdem häufig träge und sind nur schwer zu Aktivitäten zu animieren. Wenn Sie merken, dass Ihre Katze so ein kleiner Vielfraß ist und an Gewicht zunimmt, setzen Sie ihr keine großen Mengen Futter zur freien Verfügung vor. Heranwachsende Katzen dürfen allerdings so viel fressen, wie sie wollen.
Am besten füttern Sie die Katze zwei- bis dreimal täglich zu festen Zeiten. Futter ist besonders gut verträglich, wenn es lauwarm oder auf Zimmertemperatur erwärmt ist. Ein Schluck warmes Wasser hilft, im Kühlschrank aufbewahrtes Futter zu temperieren. Fressen ist für

Leckereien

Lachssticks, Käsepaste oder Hefedrops: Katzenhalter möchten ihrem Schützling zwischendurch etwas gönnen und ihn mit einem Leckerli belohnen. Kein Problem, solange die Menge stimmt. Die fertigen Katzensnacks sind teilweise wahre Kalorienbomben. Fast alle Tiere freuen sich noch mehr über diese frischen Leckereien:

- *Thunfisch*
- *reines Rinderhack*
- *rohes Eigelb*
- *gekochtes Geflügel*
- *ein Klecks Joghurt*

Katzen eine ernste Angelegenheit, bei der sie nicht gestört werden möchten. Alles, was nach einer halben Stunde noch nicht vertilgt ist, wird am besten weggeräumt. Die Angaben zur empfohlenen Tagesration auf den Dosen sind in den meisten Fällen übertrieben. Denn es ist im Sinne der Hersteller, dass Sie möglichst viel füttern und nachkaufen. Der tatsächliche Bedarf hängt von Größe und Rasse, Alter und Aktivitätslevel Ihrer Katze ab. Jungkatzen und Freigänger benötigen mehr Futter als betagte Stubenhocker. Wenn zusätzlich Trockenfutter angeboten wird, benötigt eine durchschnittliche, ausgewachsene Katze in Wohnungshaltung in der Regel nicht mehr als 100 bis 150 Gramm hochwertiges Nassfutter. Wer seine Katze regelmäßig wiegt, kann ganz einfach feststellen, ob die tägliche Futtermenge angemessen ist. Nimmt die Katze zu, wird die angebotene Trockenfuttermenge reduziert. Zeigt das keine Auswirkung auf die Gewichtszunahme, können Katzenhalter die getrockneten Bröckchen auch ausschließlich als Belohnung anbieten oder die Katzen ihr Futter durch Spiele erarbeiten lassen (siehe Kapitel »Spielend fit und ausgeglichen«). Wenn die Katze ungewollt abnimmt, muss die Futtermenge umgehend erhöht und bei Bedarf ein Tierarzt hinzugezogen werden. Der kann Sie auch bezüglich der individuellen Bedürfnisse Ihres Tieres beraten, wenn Sie nicht sicher sind, ob Ihre Katze Idealmaße besitzt.

Die Macht der Gewohnheit

Einige Katzen treten in den Hungerstreik, wenn sie mehrmals hintereinander dieselbe Futtersorte vorgesetzt bekommen. Andere haben sich so sehr an eine Marke gewöhnt, dass sie partout nichts anderes fressen. Viele Katzenhalter können ein Klagelied davon singen, wie sie stundenlang von Geschäft zu Geschäft gefahren sind, weil die geliebte und einzig akzeptierte Marke in der näheren Umgebung plötzlich nicht mehr erhältlich war. Sollte die Sorte irgendwann nicht mehr hergestellt werden, ist der Katzenjammer groß. Deshalb ist es am einfachsten, das Tier schon zu Beginn an eine abwechslungsreiche Ernährung zu gewöhnen und verschiedene Sorten zu füttern. Das macht es auch einfacher, wenn die Katze krank wird und der Tierarzt ein spezielles Futter verordnet. Hartnäckige Traditionalisten in Sachen Geschmack können mit einem Trick an eine neue Futtersorte gewöhnt werden. Mischen Sie etwas von dem neuen Futter unter die Lieblingssorte Ihrer Katze. Gerade so viel, dass sie es kaum bemerkt. Nach ein paar Tagen wird die Dosis des neuen Futters vorsichtig erhöht. Steigern Sie den so Anteil immer weiter, bis Sie die alte Marke nicht mehr unterzumischen brauchen.

Auch Fleischfresser mögen Gras, nicht nur als Liegeplatz. Das hilft bei der Verdauung.

Den Geschmack von Süßem nehmen Katzen kaum wahr. Zucker gehört nicht auf ihren Speiseplan.

Pfoten weg von diesen Speisen

Folgende Lebensmittel sind ungesund und gehören auf keinen Fall auf den Speiseplan der Katzen:

- *Rohes Schweinefleisch/Wurst*
- *salzige Speisen wie Schinken*
- *Süßigkeiten/Zucker*
- *Milch*
- *rohes Eiklar*
- *Zwiebeln und Knoblauch*
- *Macadamianüsse*
- *Schokolade/Kakao*
- *Hundefutter*
- *Essensreste*
- *Alkoholhaltige Speisen*
- *Koffein*
- *Muskatnuss*

Gras

Freigänger kann man manchmal beobachten, wie sie auf der Wiese an Grashalmen knabbern. Dabei handelt es sich keineswegs um verrückte Exemplare, die eine neue Ernährungsweise testen. Gras hilft ihnen bei der Verdauung. Bei der Fellpflege nehmen Katzen mit ihrer rauen Zunge lose Haare auf. Das Fressen von Gras erleichtert es ihnen, sie wieder hervorzuwürgen. Deshalb benötigen auch reine Stubentiger Zugang zu Katzengras. Spezielles, unbehandeltes Gras ist in Töpfen oder als Set mit Schalen zum Selberziehen erhältlich. Damit schützen Sie außerdem Ihre Zimmerpflanzen vor dem Anknabbern.

Futter- und Trinkplatz sind in freier Natur nie nebeneinander zu finden. Auch drinnen den Wassernapf nicht neben das Futter stellen.

Trinkvorlieben sind individuell. Manche Tiere bevorzugen abgestandenes Wasser, andere fasziniert das fließende Nass.

Prost!

Noch nie hat jemand beobachtet, wie eine wilde Katze auf eine Weide gelaufen ist, eine Kuh gemolken und ihre Milch getrunken hat. Dennoch hält sich die Annahme hartnäckig, dass Katzen unbedingt Milch trinken müssen. Das gilt nur für Katzenbabys, die noch gesäugt werden. Erwachsene Katzen trinken gerne Milch, vertragen diese aber oft nicht und bekommen davon sogar Durchfall. Wer seiner Katze Milchgeschmack gönnen möchte, kann ihr ab und zu etwas laktosereduzierte Katzenmilch anbieten, die besser verträglich ist. Das Hauptgetränk der Katze sollte aber Wasser sein. Wechseln Sie das Wasser im Napf täglich aus. Ist das Gefäß regelmäßig leer, stellen Sie einen weiteren Napf zur Verfügung. Manche Katzen sind trinkfaul und brauchen einen Anreiz, um genügend Flüssigkeit aufzunehmen. So trinken einige Samtpfoten liebend gern das fließende Wasser im Waschbecken. Das geht natürlich nur, wenn auch ein Mensch anwesend ist, der den Wasserhahn betätigt. Sind Sie längere Zeit nicht zu Hause oder wollen Ihrem Tier nicht angewöhnen, ständig im Waschbecken herumzusitzen, können Sie ihm einen Katzentrinkbrunnen anbieten, aus dem ständig automatisch Wasser heraussprudelt. Aber nicht alle Katzen sind mutig genug, sich an die brummenden Geräte heranzuwagen. Die einfachste Methode, einer trinkfaulen Katze Flüssigkeit zuzufügen: Ein wenig lauwarmes Wasser über das Futter kippen und den Napf schwenken. So entsteht eine Art Soße mit Futtergeschmack, die die meisten Katzen gerne schlecken. Auch das Wasser im Napf kann mit einem untergerührten Schluck Katzenmilch attraktiver gemacht werden.

Katzenwäsche – Körperpflege und Hygiene

Die Katzenwäsche besitzt einen sprichwörtlich schlechten Ruf. Dabei sind Katzen außerordentlich reinliche Tiere und schaffen es normalerweise, sich selbstständig tipptopp sauber zu halten. Trotzdem kann der Mensch ihnen die Körperpflege erleichtern, indem er sie dabei unterstützt. Bei kranken Tieren und bestimmten Rassen ist es sogar absolut notwendig, dass der Mensch nachhilft.

Haarige Angelegenheit

Wenn Katzenmütter ihre Jungen ablecken, ist das verdauungsfördernde Massage und Wäsche zugleich. Bereits nach wenigen Lebenswochen beginnen die Katzenbabys mit selbstständigen Fellpflegeversuchen. Das Lecken des Fells wirkt auf die Tiere beruhigend, entfernt lose Haare und Dreck. Außerdem beugt es dem Verfilzen vor und erhöht bei Freigängern die Jagdchancen, da Mäuse eine saubere Katze nicht so schnell riechen. Die Fellpflege spielt eine zentrale Rolle im Leben der Katze und nimmt einen großen Teil ihrer Zeit in Anspruch. Bei Katzen, die sich nicht putzen, stimmt etwas nicht. Sie könnten krank oder durch ein einschneidendes Erlebnis traumatisiert sein. Vernachlässigt die Katze für längere Zeit die Körperpflege, muss sie zum Tierarzt.

Beim Lecken des Fells nimmt die Katze etliche der unverdaulichen Haare auf und schluckt sie herunter. Die scheidet sie durch den Kot aus oder würgt sie in Form von kleinen Haarballen hervor. Letzteres ist besonders für neue Katzenhalter oft ein dramatischer Anblick, aber völlig natürlich und kein Grund zur Sorge. Manchen Tieren fällt es allerdings schwer, die verschluckten Haare wieder loszuwerden, besonders zur Zeit des Fellwechsels. Dann können sich im Magen größere Haarknäuel bilden, die zu Bauchschmerzen und Verstopfung führen können.

Dem beugen Menschen vor, indem sie ihr Tier regelmäßig bürsten. Bei Langhaarkatzen gehört die tägliche Fellpflege sogar zum Pflichtprogramm, da die Tiere sie nicht selbstständig bewältigen können. Die Folge sind verfilzte Fellknoten, gegen die nur noch Schere und Haarschneider helfen. Bei Kurzhaarrassen reicht es, einmal wöchentlich, beim Fellwechsel zwei- bis dreimal pro Woche zu bürsten. Die Anzahl der losen Haare, die an der Bürste hängen und auf dem Schlafplatz der Katze liegen bleiben, zeigt schnell, ob das Tier häufig genug gekämmt wird.

Keine Bange vor der Bürste

Ob Futtermarke, Einstreusorte oder Schlafplatz: Leser dieses Buches haben bereits festgestellt, dass sich in fast jedem Belang die Geister der Katzen scheiden. Warum sollte das beim Bürsten anders sein. Einige Individuen genießen die Aufmerksamkeit ihrer Menschen in Form einer durchblutungsfördernden Massage. Andere lehnen den suspekten Gegenstand ab, der über ihr Fell streicht. Je jünger der Bürstenverweigerer, desto leichter lässt er sich an die Fellpflege durch Menschenhand gewöhnen. Am besten wird die Katze schon als Jungtier regelmäßig gebürstet, damit es für sie zur Selbstverständlichkeit wird. Hat die Katze bereits Respekt vor den Pflegeutensilien, verliert sie am ehesten vor einer weichen Babybürste die Scheu. Die Pflegeeinheit findet idealerweise vor der Fütterung statt, die dann als Belohnung für die überstandene Prozedur dient. Halten Sie das Tier nicht fest und loben Sie es, wenn es stillhält. Anfangs sollte das Tier nur kurz gekämmt werden. Die Sitzung ist beendet, wenn es unruhig

Die raue Katzenzunge bürstet das Fell und befreit es von Schmutz und Gerüchen. Langhaarkatzen und Tiere im Fellwechsel brauchen aber Hilfe bei der Körperpflege.

wird und so andeutet, dass es bald wegspringt oder sich wehrt. Hat die Katze besonders viel Angst, halten Sie ihr die Bürste hin. Schnuppert sie daran, ist ausgiebiges Lob fällig. Ebenso wenn die Katze ihren Kopf an der Bürste reibt. Dann können Sie ihr langsam damit über das Fell fahren. Die Pflegesitzungen werden schrittweise verlängert, wenn die Katze das Bürsten gelassener hinnimmt. Ist die Scheu verflogen, können Sie andere Kämme und Bürsten in das Bürstritual einführen.

Die Katze geht baden

Katzen hassen es, gebadet zu werden. Was für Menschen ein Genuss, bedeutet für sie Todesangst. Solange der Tierarzt kein Bad gegen Haut-

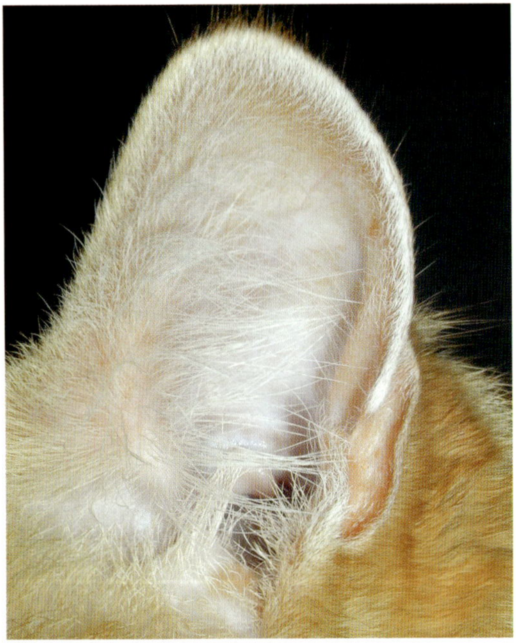 

Ein kurzer Gesundheitscheck hilft, Erkrankungen und Parasitenbefall frühzeitig zu erkennen. Sind die Ohren schmutzig, wird die Ohrmuschel vorsichtig mit einem feuchten Tuch oder Stück Watte gereinigt. Bleibt die Katze ständig in der Gardine hängen, wird es Zeit zum Krallenkürzen. Beim Kappen unbedingt darauf achten, nicht die Blutgefäße zu verletzen.

krankheiten verordnet hat, ist das Waschen der Katzen tabu. Einzige Ausnahme ist durch Giftstoffe verunreinigtes Fell. Kommt die Katze in Berührung mit Pflanzenschutzmitteln, Reinigern oder anderen gefährlichen Stoffen, geht sie mit einem milden Tiershampoo in lauwarmem Wasser baden. Anschließend keinen Fön benutzen.

Alles in Ordnung?

Die Fellpflege eignet sich hervorragend, um sie mit einem kleinen Gesundheitscheck zu verbinden. Ein Blick ins Maul offenbart eventuellen Zahnstein und Zahnfleischentzündungen, die der Tierarzt beseitigen kann. Sekret an den Augen und austretende Nasenflüssigkeit können bei einigen Katzen wie Persern normal sein und werden mit einem weichen, feuchten Tuch entfernt. Bei den meisten Tieren ist das ein Alarmzeichen und somit ein Fall für den Tierarzt. Sind die Ohren verschmutzt, schafft ebenfalls ein feuchtes Tuch Abhilfe, mit dem aber nur die Ohrmuschel gereinigt wird. Bei zu tiefem Hereinstecken droht Verletzungsgefahr. Gegen tiefer gehende Verschmutzungen bietet der Fachhandel spezielle Reinigungstropfen an. Häufig verschmutzte Ohren können ein Zeichen für Milbenbefall sein.

Ungebetene Gäste

Freigänger sollten regelmäßig auf Parasiten untersucht werden. Die Lästlinge verursachen Juckreiz und können Krankheiten übertragen. Zecken sind aufgrund ihrer Größe schnell zu erkennen und werden mit einer Zeckenzange oder einem Zeckenhaken herausgezogen. Flöhe sind mit dem bloßen Auge nicht sofort sichtbar. Bürsten Sie mit einem feinzinkigen Flohkamm durch das Fell und streifen Sie den Kamm an einem feuchten Stück Küchenkrepp ab. Wenn Sie die abgestreiften Haare und Schuppen mit dem feuchten Tuch zerdrücken, erkennen Sie Flohbefall an den kleinen, roten Punkten, die auf dem Tuch zu sehen sind. In dem Fall mit einem speziellen Antiflohpräparat behandeln.

Krallen kürzen

Durch das Benutzen des Kratzbaums bleiben die Krallen normalerweise auf Ideallänge. Bleibt die Katze an Teppich und Gardine hängen, muss der Mensch nachhelfen. Spezielle Krallenscheren sind ideal für das Kürzen geeignet und kneifen die Spitze ab, statt sie einzudrücken. Bei vorsichtigem, beidseitigem Druck auf die Pfote fährt das Tier seine Krallen aus. Der obere Teil der Kralle ist durchblutet. Wird der durchtrennt, ist das eine blutige und schmerzhafte Angelegenheit und kann Entzündungen zur Folge haben. Deshalb sollten nur diejenigen die Krallen kürzen, die sich auch zutrauen, den durchbluteten Teil zu erkennen und nicht zu verletzen. Wer unsicher ist, kann sich vom Tierarzt oder Züchter das Krallenschneiden zeigen lassen.

Hygiene

Ob ihre Menschen ordentlich sind oder nicht, das ist Katzen völlig egal. Auf Sauberkeit hingegen legen die Vierbeiner Wert. Sie mögen es nicht, wenn am Futterplatz Reste zu riechen beginnen. Einige Tiere empfinden Dosenfutter bereits als unappetitlich, wenn es länger als eine halbe Stunde an seinem Platz steht. Jede Mahlzeit sollte die Katze in einem frischen Napf bekommen. Reibt sie mit ihrem Kopf über eingetrocknete Futterreste am Napfrand, können sich kleine Ekzeme bilden. Schlafplatz und Kratzbaum sollten regelmäßig abgebürstet, von Sand, Fellbüscheln und Schmutz befreit werden.

Auch Katzen mögen es nicht, wenn ihre Toilette riecht. Das Katzenklo muss einmal täglich mit einer Schaufel von Kot befreit werden. Wer Klumpstreu benutzt, schippt das mit Urin verklumpte Streu direkt mit heraus. Wie oft die Katzentoilette eine komplette Grundreinigung bekommt, hängt von der Einstreu ab. In der Regel ist die Reinigung wöchentlich fällig, spätestens aber, wenn es unangenehm riecht. Verzichten Sie dabei auf scharfe Reiniger. Das Benutzen von beißenden Toilettenreinigern kann einen Streik der Katze zufolge haben. Bei gesunden Tieren reicht ein sanfter Neutralreiniger aus. Der ist auch ungefährlich, wenn er zum Wischen benutzt wird und die Katze anschließend über den noch feuchten Fußboden läuft.

Wer das Katzenklo desinfizieren möchte, sollte das nicht in der Nähe der Katze machen. Desinfektionsmittel werden von Katzen nicht vertragen und müssen nach der Einwirkzeit wieder abgewaschen werden.

Kapitel 4

Gemeinsam glücklich

Katzen wirken zugleich eigensinnig und einfühlsam, ursprünglich und mystisch. Obwohl ihnen eine Aura des Geheimnisvollen anhaftet, verhalten sich die Tiere immer gemäß ihrer Natur und sprechen eine Sprache, die jeder durch Beobachten seiner Katze erlernen kann.

Raubtier auf Kuschelkurs – Das Wesen der Katze

Trotz des engen Zusammenlebens mit Menschen hat die Katze sich ein großes Maß an Unabhängigkeit bewahrt. Ein Blick auf das Leben ihrer wilden Verwandten offenbart noch viele Gemeinsamkeiten mit unserer Hauskatze. Aber in ihr scheinen im Gegensatz zu den wilden Tieren zwei Seelen zu wohnen. Draußen ist sie der perfekte Jäger geblieben, wirkt wild und ursprünglich. In der Nähe des Menschen verändert sie ihr Verhalten schlagartig, wird vom Raubtier zum Schmusetiger. Plötzlich zeigt sie kindliches Gebaren, maunzt und bettelt um Futter. Sie hat gelernt, dass sie damit große Erfolge erzielt. Welcher Mensch kann schon diese ganz spezielle Mischung aus Niedlichkeit und Aufdringlichkeit ignorieren?

In jedem Kuscheltiger schlummert ein Raubtier. Das sollten Kinder wissen, die mit Katzen zusammenleben.

Leise Jäger

Katzen sind die geborenen Jäger und Meister im Springen und Klettern. Bei der Jagd geben sie alles. Aber nur für kurze Zeit. Sie setzen auf Perfektion statt Ausdauersport. Intensiv beobachten sie ihre Beute, um den perfekten Moment abzupassen. Wie Geheimagenten pirschen sie sich auf leisen Sohlen heran und packen die Beute schließlich mit einem Satz. Ob Vogel, Maus oder Schmetterling: Bewegt sich etwas schnell, ist der Jagdinstinkt geweckt. Das gilt auch für Spielangel, fallende Papierschnipsel und rollende Korken, denen die meisten Samtpfoten kaum widerstehen können. Nach kurzer Zeit ist auch für verwöhnte Stubentiger die Hatz vorbei und eine Verschnaufpause fällig, bis es weitergehen kann.

Faulpelze

Viele Menschen beneiden Katzen um deren Fähigkeiten, immer und überall schlafen oder zumindest vor sich hindösen zu können. Ihre Aktivitätsphasen sind im Vergleich zu denen des Menschen recht kurz. Sie verschlafen den Großteil des Tages. Dabei zeigen sie sich ebenso elastisch wie beim Jagen, rollen sich selbst in der kleinsten Höhle oder Kiste zusammen. Maunzen, das Bewegen der Ohren und Zucken der Beine im Schlaf beweisen, dass auch Katzen träumen. Wissenschaftler vermuten, dass es in den Träumen um die Jagd geht. Ob das stimmt, ob im Traum auch wir Menschen Platz finden oder der kuschelige Platz an der Heizung vorkommt, wissen allein die Katzen. Eine schlafende Katze will nicht gestört werden. Sie kann beim Aufwachen erschrecken und reflexartig die Krallen in die Menschenhand fahren.

Bei Nacht sind alle Katzen fit

Normalerweise jagt die Katze hauptsächlich nachts. Ihre Augen haben einen eingebauten

Restlichtverstärker und sind perfekt auf für uns ungünstige Lichtverhältnisse eingestellt. Eine weit entfernte Laterne oder der Schein des Mondes reichen bereits aus, um Beute zu erkennen und ergreifen. Zur Unterstützung in völliger Dunkelheit besitzt die Katze dicke Tasthaare, die empfindlich auf Berührung und Vibration reagieren und so anzeigen, ob das Tier beispielsweise durch einen Spalt passt.
Gesellschaftlichen Verpflichtungen gehen viele Katzen ebenso nachts nach. Wen einmal ein Chor aus Katern auf einem Dach in der Nachbarschaft um den Schlaf gebracht hat, der kann ein Lied davon singen. Daher scheint es nicht verwunderlich, dass auch Stubentiger tagsüber schlafen und manchmal erst so richtig aufdrehen, wenn der Mensch zu Bett gehen will.
Zum Glück sind Katzen anpassungsfähig, wenn sie nur wollen. In den meisten Fällen sind sie um der häuslichen Bequemlichkeit willen bereit, unseren Tagesablauf zu übernehmen. Hat das Tier sich aber einmal auf einen bestimmten Tagesrhythmus eingestellt, hält es ihn penibel ein. Katzen achten pingelig auf das Wahren von Terminen und Ritualen und fordern das ebenso vom Menschen ein, notfalls mit Protestgeschrei.

Sinnesleistung

Neben den Augen ist auch das Gehör der Katze sehr gut ausgebildet. Seine Spezialität: hohe Töne wie das Fiepen von Mäusen. Es nimmt sogar Töne wahr, die der Mensch nicht hört. Katzen erschrecken leicht bei lauten Geräuschen und sind keine Fans von intensiver Musikbeschallung. Findet im Heim einer Katze eine Party statt, freut die Samtpfote sich über einen abgelegenen Raum, in dem sie nicht gestört wird. Ebenso an Silvester, dem schlimmsten Jahrestag für die meisten Haustiere. Mäuse müssen aber keinen Laut von sich geben, um von einer Katze entdeckt zu werden. Die Samtpfoten nehmen das Trippeln nahender Beutetiere mit ihren dicken Fußsohlen wahr. Haare zwischen den Ballen zeigen Vibrationen und Erschütterungen an. Die Ballen federn außerdem das Tier beim Sprung ab.
Katzen zählen im Tierreich nicht zu den Spitzenreitern, wenn es um die Riechleistung geht. Dennoch ist ihr Geruchssinn viel besser ausgeprägt als der des Menschen. Düfte spielen in ihrem Sozialleben eine große Rolle. Damit unterscheiden sie Freund von Feind, erkennen paarungswillige Artgenossen und lesen unsichtbare Botschaften anderer Katzen. Dass Menschen Gerüche wie Raumspray, Parfum und Reinigungsmittel als angenehm empfinden, ist für Katzen unvorstellbar, weil sie diese viel intensiver wahrnehmen. Lacke und Lösungsmittel sind für die empfindlichen Tiere ein Horror. Bei entsprechenden Renovierungsmaßnahmen sollte die Katze in einem anderen Raum mit frischer Luft untergebracht sein. Das Jacobsonsche Organ hilft der Katze, Düfte noch genauer zu analysieren. Manchmal kann man beobachten, wie die Miez mit leicht geöffnetem Mund und zurückgezogenen Lippen eine Socke, die Handtasche eines Besuchers oder eine Stelle am Katzenklo begutachtet. Sie flehmt, um den Geruch mit dem Organ am Gaumen einer näheren Analyse zu unterziehen. Diese Sinneswahrnehmung ist eine Mischung aus riechen und schmecken.

Individualismus

Katzen sind Individualisten. Jede ist anders, mag andere Dinge, fürchtet sich vor anderen Sachen. Wie Menschen haben auch sie ihre Eigenarten und Macken, die zuweilen seltsam erscheinen, die Tiere aber auch so liebenswert machen. Manch störende Eigenart wie allzu aggressives Spielen oder Scheu vor Gegenständen lässt sich mit Geduld abtrainieren.

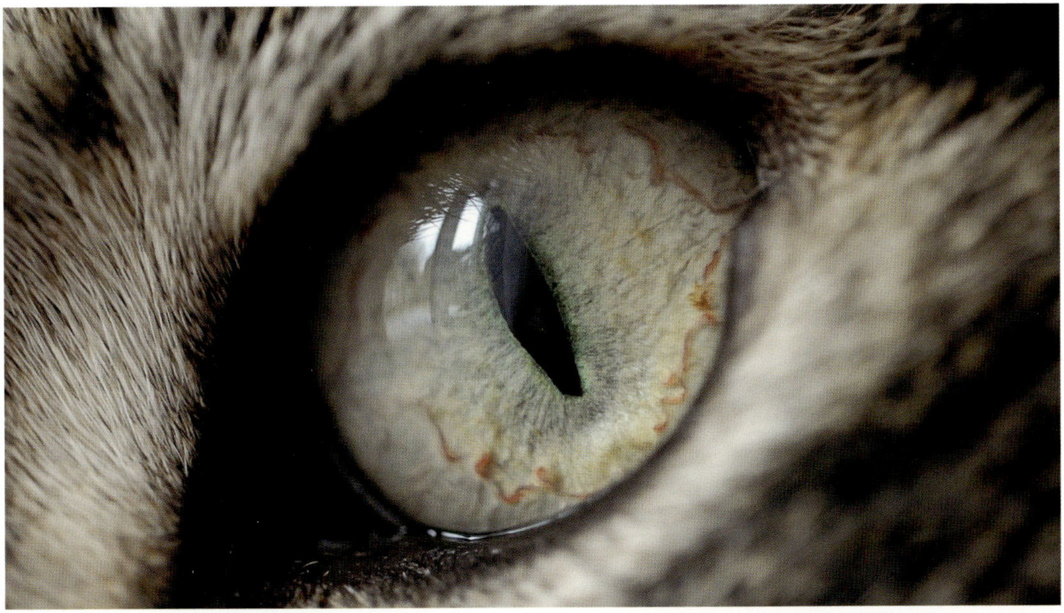

Katzenauge: Der Namensgeber der Fahrradreflektoren ist dank seines Restlichtverstärkers perfekt an die Dunkelheit angepasst.

Sind bestimmte Verhaltensmuster und Ängste seit der frühen Kindheit fest verwurzelt, muss Mensch aber meist damit leben. Wird die Katze regelrecht panisch, wenn man ihren Bauch streichelt, sie hochhebt oder wenn Gegenstände herunterfallen, bleibt nur eins: Solche Situationen weitestgehend vermeiden.

Immer das Beste

Fast alle Halter von Freigängern erleben irgendwann den Tag, an dem sie irritiert sind. Sich sorgen, weil die Katze tagelang nicht frisst und nur noch zum Schlafen heimkehrt. Trotzdem scheint die Katze gesund zu sein und nicht abzunehmen. Wer dem auf den Grund gehen will, kann versuchen, unbemerkt hinter dem

Was Katzen mögen

Das mögen Katzen

- *Ruhe*
- *Rituale*
- *Ausgiebige Entspannung*
- *Sanftes Streicheln*
- *Verlässlichkeit*
- *Warme, ruhige Plätze*
- *Sauberkeit*

Das hassen Katzen

- *Laute Geräusche*
- *Stress und Ausnahmen*
- *Beim Schlafen gestört werden*
- *Herumgetragen werden*
- *Veränderungen im Revier*
- *Regen und Nässe*
- *Beißende Gerüche*

Mein Revier! Erhöhte, aber versteckte Plätze sind ideal, um Eindringlinge zu entdecken, ohne selber bemerkt zu werden.

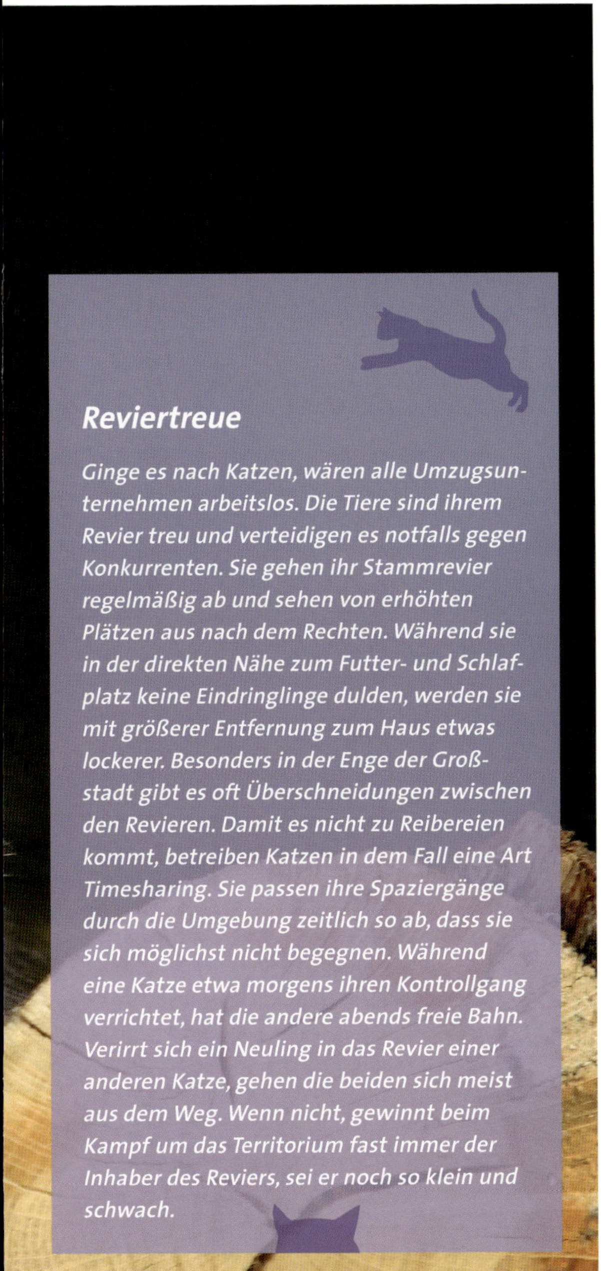

Reviertreue

Ginge es nach Katzen, wären alle Umzugsunternehmen arbeitslos. Die Tiere sind ihrem Revier treu und verteidigen es notfalls gegen Konkurrenten. Sie gehen ihr Stammrevier regelmäßig ab und sehen von erhöhten Plätzen aus nach dem Rechten. Während sie in der direkten Nähe zum Futter- und Schlafplatz keine Eindringlinge dulden, werden sie mit größerer Entfernung zum Haus etwas lockerer. Besonders in der Enge der Großstadt gibt es oft Überschneidungen zwischen den Revieren. Damit es nicht zu Reibereien kommt, betreiben Katzen in dem Fall eine Art Timesharing. Sie passen ihre Spaziergänge durch die Umgebung zeitlich so ab, dass sie sich möglichst nicht begegnen. Während eine Katze etwa morgens ihren Kontrollgang verrichtet, hat die andere abends freie Bahn. Verirrt sich ein Neuling in das Revier einer anderen Katze, gehen die beiden sich meist aus dem Weg. Wenn nicht, gewinnt beim Kampf um das Territorium fast immer der Inhaber des Reviers, sei er noch so klein und schwach.

Habe ich etwas verpasst? Wache schieben strengt an. Ein kleines Nickerchen auf dem Ausguck muss manchmal sein.

Tier herzuschleichen. Dabei wartet vermutlich eine Überraschung. Vielleicht hat der Nachbar, der immer die Terrassentür auflässt, eine neue Fußbodenheizung. Oder im Garten nebenan stehen neue Rattanmöbel, die viel bequemer sind als die eigenen. Und wahrscheinlich gibt es in der Nachbarschaft Leckereien, mit denen sich die Katze den Bauch vollschlägt, bevor sie pappsatt nach Hause kommt. Denn das niedliche Maunzen und Betteln setzen Katzen nicht nur zu Hause ein, sondern überall dort, wo sie sich Erfolgschancen ausmalen. Sie sind Opportunisten durch und durch. Die kleinen Luxusdiven nehmen sich stets das, was ihnen am Attraktivsten erscheint. Auch wenn das bedeutet, dem Heim eine Zeit lang fernzubleiben.

Wie bitte? – Die Sprache der Katzen

»Hallo, da bin ich.«, »Guck mal, wie ich vom Schrank springen kann.«, »Hunger, Hunger, Hunger!«. Manche Katze muss einfach alles lautstark kommentieren. Die eleganten Siam haben den Ruf, die Plaudertaschen unter den Samtpfoten zu sein. Andere Katzen zeigen sich absolut schweigsam und maunzen nur in äußerster Not. Die meisten Tiere liegen irgendwo zwischen den beiden Extremen. Selbst wenn Katzen nicht miauen, sprechen Sie indirekt mit den Menschen. Ihre Körperhaltung teilt stets ihre Stimmung mit. Wer die Tiere regelmäßig beobachtet und versucht, sich in sie hineinzuversetzen, versteht mit der Zeit, was sie ihm sagen wollen.

Miau Miau

Manchmal klingt es verzweifelt, oft niedlich und ab und zu fordernd: das Maunzen. Was für uns unweigerlich zur Katze gehört, gilt unter erwachsenen Katzen als verpönt. Miauen ist eigentlich nur etwas für Katzenkinder, die nach ihrer Mutter rufen. Anders in menschlicher Nähe. Für Futter, Streicheleinheiten und einen warmen Schlafplatz ist die Katze bereit, beim Menschen in die Katzenkinderrolle zurück zu rutschen und mit den hilflos klingenden Lauten um Fürsorge zu betteln. Das typische Miau gibt es nicht. Katzen verfügen über ein ganzes Repertoire an Miau-Variationen. Ihre Halter lernen schnell, den kurzen Begrüßungslaut vom weinerlichen Betteln um Futter, der fröhlich klingenden Aufforderung zum Spiel und dem Befehl zum Türöffnen zu unterscheiden. Dabei unterstützen die Tiere ihren Wunsch mit einem Blick auf den leeren Napf oder ein Kratzen an der Haustür, um Missverständnisse auszuschließen.

Lauter Laute

Katzenmütter geben Gurrlaute von sich, um mit den Jungen zu kommunizieren. Das Gurren dient außerdem vielen Katzen dazu, ihren Menschen zu begrüßen oder ihn zum Mitkommen zu ermuntern. Faucht die Katze, weiß jeder sofort: Hier möchte jemand in Ruhe gelassen werden und schreitet notfalls zum Angriff. Dieser Drohlaut entsteht beim schnellen Ausstoßen von Luft und wird von vielen Tierarten benutzt. Manche Katzen verleihen dem Fauchen durch Spucken noch mehr Ausdruck. Zeigt alles Fauchen keine Wirkung und die Katze fühlt sich in die Enge getrieben, erzeugt sie einen kehligen Laut, der sich wie ein Kreischen anhört. Ein Zeichen äußerster Angst und mangelnder Fluchtmöglichkeiten. Die Katze zeigt ihre Bereitschaft, notfalls anzugreifen, sollte die Bedrohung nicht verschwinden. Macht ein Artgenosse der Katze die Beute oder den Lieblingsplatz streitig, gibt sie zur Abschreckung ein tiefes Knurren von sich. Wenn Katzen ihre Beute beobachten, fangen sie manchmal nervös an zu schnattern oder zu meckern. Dabei bewegt sich der Unterkiefer schnell auf und ab. Das Schnattern ertönt dann, wenn Katzen eine besonders attraktive Beute sehen, die für sie unerreichbar ist, weil sie zum Beispiel eine Fensterscheibe davon trennt. Die genaue Bedeutung des Lautes hat die Wissenschaft noch nicht herausgefunden.

Dufte Botschaften

Was für uns der Handschlag mit anschließendem Austausch der Visitenkarten, ist für Katzen das gegenseitige Beschnuppern. Auch Zaunpfähle, Schuhe und andere Gegenstände beschnuppern die Tiere ausgiebig. Offenbaren sie doch, was im Revier alles vorgefallen ist. Katzen besitzen Duftdrüsen an Schwanzwurzel, Wangen und Kinn, mit denen sie sich an Gegenstän-

Streckt sich die Katze genüsslich nach dem Liegen, ist sie entspannt und fürchtet keine Gefahr.

den reiben. So teilen sie jedem Tier mit: »Seht her, ich war hier!« Ihren ganz persönlichen Duft geben Katzen auch durch Köpfchenreiben an Artgenossen und Menschen weiter. Vermischen sich dann die Körpergerüche von Katze und Halter, entsteht ein gemeinsamer Familiengeruch. Das schweißt zusammen. Zumindest in den Augen beziehungsweise Nasen der Katzen, denn wir können diesen feinen Geruch nicht wahrnehmen. Im Gegensatz zum Harnmarkieren, das selbst für Menschen unüberriechbar ist. Die Katze spritzt in ihrem Revier Urin, das bei Katern zusätzlich mit einem stark riechenden Sekret angereichert wird. So können Rivalen noch Tage später deren Anwesenheit riechen. Wetzt die Katze ihre Krallen, dient das nicht nur der Körperpflege. Damit verteilt sie neben optischen auch duftende Botschaften durch ihren Schweiß aus den Drüsen zwischen den Zehen.

Körpersprache

Die Körperhaltung ist das Stimmungsbarometer der Katze. Normalerweise steht das selbstbewusste Tier aufrecht, hat Körper und Beine gestreckt. Droht es seinem Gegenüber, macht es sich noch größer, als es ist. Es zeigt den typischen Katzenbuckel. Aufgestellte Schwanz- und Rückenhaare sind ebenso eine Drohgeste, die die Katze imposanter und für Konkurrenten gefährlicher aussehen lässt. Die Haare können sich auch bei Angst aufstellen. In dem Fall ist meist die Schwanz- oder gesamte Körperbehaarung betroffen. Die Haltung des Schwanzes sorgt oft für Missverständnisse zwischen Hund und Katze. Während Bello freudig zur Begrüßung wedelt, ist das Schwanzzucken für Miez ein Zeichen von Erregung, die nicht unbedingt positiv sein muss. Das Zucken begleitet das aufgeregte Beobachten von Beute ebenso wie Unmut und Angriffsbereitschaft. Oft ist die Katze mit zuckendem Schwanz unentschlossen, weiß nicht, ob sie gehen oder bleiben soll. Beginnt eine Katze beim Streicheln mit dem Schwanz zu zucken, heißt es: Sofort aufhören, sonst springt die Katze weg oder kratzt. Kommt der Stubentiger mit hocherhobenem Schwanz auf den Halter zu, ist das eine freundliche Begrüßungsgeste. Manchmal fangen Katzen ganz plötzlich an, sich aus unerfindlichen Gründen zu kratzen oder die Pfoten zu lecken. Das passiert beim Spielen, wenn das Tier sich gestoßen hat oder beim Räkeln von der Fensterbank gefallen ist. Diese Übersprungshandlungen zeigen Unsicherheit und Unschlüssigkeit, was als nächstes zu tun ist. Für uns Menschen scheint es fast, als wolle die Katze damit ein Missgeschick überspielen.

Eine entspannte Katze geht mit erhobenem Kopf. Ist er vorgestreckt, zeigt das Neugierde, Spiellaune oder Kontaktbereitschaft. Wendet sie den Kopf ab oder senkt ihn, will das Tier mit dieser Demutsgeste unangenehme Konfrontationen vermeiden. Auch gebeugte Vorderbeine deuten auf eine defensive Haltung hin. Läuft die Katze völlig geduckt, hat sie Angst und hält wahrscheinlich Ausschau nach dem nächsten Versteck.

Was hast du gesagt? Katzen sprechen mit ihrem Körper. Vor allem mit Ohren, Augen und Schnurrhaaren.

Das Gesicht

Bei uns zählt es zum guten Benehmen, dem Gegenüber beim Gespräch in die Augen zu sehen. Anders in der Welt der Katzen, in der das Angucken kein Zeichen von Interesse und Respekt, sondern von Dominanz und Bedrohung darstellt. Das überlegene Tier starrt, bis das unterlegene wegguckt. Ist die Katze neu im Haus, wird sie von allen Personen im Haushalt fasziniert beobachtet. Da dies meist unbewusst geschieht, sind die Menschen nicht selten überrascht, wenn sie daraufhin flieht. Wer dem Anblick einer Katze nicht zu widerstehen vermag, kann zwischendurch blinzeln. Diese Beschwichtigungsgeste macht das Anstarren weniger bedrohlich für das Tier.

Verengen sich die Pupillen der Katze bei gleich bleibendem Lichteinfall bedeutet das Kampfbereitschaft und Anspannung. Weiten sie sich, starrt die Katze damit ängstlich auf eine Bedrohung. Die Ohrenstellung zeigt das Befinden besonders deutlich. Bei Entspannung aufgestellt, wandern die Ohren bei Interesse ein wenig nach vorne zur Mitte. Zeigen sie aufgestellt nach hinten, ist die Katze aggressiv. Sind sie nach hinten weggedreht und abgeknickt, signalisiert die Katze Fluchtbereitschaft.

Auch die Schnurrhaare offenbaren die Stimmung der Katze. Normalerweise zeigen sie leicht gefächert zur Seite. Bei Interesse und Aktion sind sie weiter nach vorne gerichtet, bei Angst nach hinten gelegt.

Annäherung auf Katzenart: Nach ersten Blicken folgt das gegenseitige Beschnuppern der Nasen. Befreundete Katzen beschnüffeln anschließend das Hinterteil des Gegenübers. Diese beiden Katzen sind sich hingegen nicht geheuer. Während die Rechte sich einschüchternd aufbaut, geht die Linke geduckt in die Defensive. Darauf folgt ein Gerangel.

Schnurren

Die erstaunlichste Lautäußerung der Katzen ist das Schnurren. Der stimmlose Laut entsteht im Kehlkopf und kann sogar während des Trinkens und Fressens erzeugt werden. Junge Katzen zeigen ihrer Mutter damit, dass alles in Ordnung ist. Auch erwachsene Tiere schnurren, wenn sie gestreichelt werden oder sich im Sonnenstrahl räkeln, um ihr Wohlbefinden zu zeigen.
Doch nicht jede Katze, die schnurrt, fühlt sich wohl. Einige Tiere schnurren selbst auf dem Behandlungstisch des Tierarztes. Die Katze fügt sich hier in ihr Schicksal und zeigt, dass Aggressionen ihr gegenüber nicht nötig sind. Denn der Laut dient zudem der Beruhigung und Beschwichtigung. Er bedeutet sowohl »Tu mir nichts, ich werde mich nicht wehren« von Unterlegenen als auch »Keine Angst, ich bin dir wohl gesonnen« bei ranghöheren Tieren. Das Schnurren ist vergleichbar mit dem menschlichen Lächeln, das ebenfalls Ausdruck von Freude, Wohlwollen und Verlegenheit sein kann.

Ein gemütlicher Platz, freundliches Blinzeln und eine entspannte Körperhaltung. Beste Zutaten für eine Wohlfühlatmosphäre, die die Katze zum Schnurren bringt. Doch das surrende Geräusch dient auch zur Beruhigung bei Gefahr und Schmerzen.

Nicht immer liegen Katzen so brav nebeneinander. Gegen Streiche gibt es auch bei Katzen nur eins: Erziehung.

Katzenknigge – Benimmregeln für Stubentiger

Katzen erziehen, geht das überhaupt? Das kommt auf die Definition des Begriffs Erziehung an. Die meisten Menschen entscheiden sich für eine Katze, weil sie deren Unabhängigkeit und Eigensinn schätzen. Wer sich solch einen Individualisten ins Haus holt, darf nicht damit rechnen, dass der sich komplett unterordnet und stets aufs Wort gehorcht. Er wird nur in seltenen Fällen wie ein Hund bei Fuß gehen oder andere Dinge machen, deren Sinn er nicht einsieht. Aber Katzen sind durchaus kompromissbereit, so dass ihre Halter das gemeinsame Zusammenleben erleichtern können, indem sie ihrem Schützling bestimmte Unarten abgewöhnen und gewünschtes Verhalten gezielt fördern.

Gut gemacht!

Katzen sind lernwillig, schließlich lernen auch Katzenkinder von ihrer Mutter und den Geschwistern. Zuallererst muss der Neuankömmling herausfinden, welches Verhalten im neuen Zuhause erwünscht und was tabu ist. Das funktioniert am besten mit Lob, für das die meisten Samtpfoten sehr empfänglich sind. Im Gegensatz zu Tadel, den viele Tiere einfach ignorieren. Hat die Katze zum ersten Mal den Kratzbaum statt der Gardine zum Krallen schärfen benutzt oder die Fellpflege ohne Murren über sich ergehen lassen, loben Sie sie überschwänglich. Ob Sie nur »Fein gemacht« sagen, das Tier zusätzlich streicheln oder mit einem Leckerbissen belohnen, bleibt Ihnen und den Vorlieben Ihrer Katze überlassen. Wahrscheinlich probiert die Katze nun alles Mögliche aus, wiederholt die Bewegungen der letzten Minuten, um herauszufinden, worauf sich das Lob bezieht. Sie will die Situation rekonstruieren und noch mehr gelobt werden. Einige Katzen lässt selbst die größte Lobhudelei kalt. Da hilft ein Griff in die Trickkiste, um unerwünschtes Verhalten zu unterbinden: Der Stubentiger braucht eine Alternative, die noch spannender, für den Menschen aber nicht störend, ist. Sitzt die Katze ständig in der Handtasche und bringt dort alles durcheinander, stellen Sie ihr eine eigene Tasche hin, die mit knisternden Papierschnipseln oder Katzenspielspray aufgepeppt wird.

Die Zauberformel bei der Erziehung lautet Geduld plus Konsequenz. Wer auf eine schnelle Dressur hofft, wird ebenso enttäuscht werden wie derjenige, der bei kläglichem Maunzen stets nachgibt. Was einmal erlaubt oder verboten ist, sollte es immer sein. Denn wie kann die Katze verstehen, warum sie manchmal am Sessel kratzen darf und ein anderes Mal nicht. Auch sollten Lob und Tadel im richtigen Moment angewandt werden. Liegt die Katze längst wieder im Körbchen, wenn Sie Ihren Lieblingsschuh zerkratzt vorfinden, ist es für Tadel zu spät. Wird die Katze nun ausgeschimpft, fragt sie sich vermutlich, was falsch daran ist, im Körbchen zu liegen. Lautes Geschrei erzielt nie Erfolg. Im schlimmsten Fall bekommt die Katze Angst vor der schreienden Person. Ein einfaches »Nein« reicht aus. Wer kurz davor ist, wegen seiner Katze innerlich zu explodieren, sollte sich immer daran erinnern, dass sie sich nur ihrer Natur gemäß verhält. Eine Katze handelt niemals aus böser Absicht.

Angst

Manche Katzen haben Angst vor dem Besen, andere vor Besuchern oder dem Geräusch der Waschmaschine. Zeigt das Tier Angst, muss der Mensch unbedingt ruhig bleiben, damit dessen Unsicherheit sich nicht zusätzlich auf das Tier überträgt. Katzen sind sehr empfänglich für die Stimmungen des Menschen. Reden Sie ruhig vor sich hin, veranstalten aber nicht zu viel Aufsehen um den Angsthasen. Ansonsten lernt das Tier vielleicht, dass Angst ein erwünschtes Verhalten ist, das mit Aufmerksamkeit belohnt wird.

Beängstigende Gegenstände wie Bügelbrett und Wischmopp erscheinen harmloser, wenn sie zum Beschnüffeln auf den Boden gelegt werden. Spielen Sie mit der Katze im selben Zimmer, in dem die Gegenstände gelagert werden, und verlagern Sie den Spielort immer näher an Waschmaschine, Besen & Co. Zur Belohnung für mutiges Ignorieren der vermeintlichen Gefahr gibt es eine Streicheleinheit oder ein Leckerchen neben dem unheimlichen Ort. Bei lauten Elektrogeräten wie dem Staubsauger wird diese Übung zunächst im ausgeschalteten Zustand durchgeführt. Erst wenn die Angst verflogen ist, kann das Gerät eingeschaltet werden. Besucher können ebenso durch Füttern und Spielen in deren Nähe in den Augen der Katzen verharmlost werden. Dabei sollte alle Aktivität von dem vertrauten Halter ausgehen und der Besuch das Tier zunächst ignorieren.

Soll die Katze nicht an Möbeln kratzen, muss der Kratzbaum gut platziert und schmackhaft gemacht werden.

Möbelkratzen

Ob in einem Haus eine Katze lebt, können Besucher oft auf den ersten Blick erkennen. Die Kratzstellen an Tapete, Polstermöbeln und Stuhlbein offenbaren es. Manche Katzen lassen sich das unerwünschte Kratzen abtrainieren, andere behalten es immer bei. Doch selbst die wildesten Kratzfans sind meist bereit, zumindest teilweise auf das Malträtieren der Möbel zu verzichten, so dass sich der Schaden minimieren lässt. Dafür braucht die Katze zunächst einen Ersatz in Form eines Kratzbaums. Nun muss sie nur noch dazu gebracht werden, den Kratzbaum noch toller zu finden als den Sessel oder die Tapete. Steht das Kratzmöbel an einem für Katzen attraktiven Platz, kommt das Tier automatisch regelmäßig daran vorbei. Ist es mit Kuscheldecken ausgestattet, schläft die Katze vielleicht darauf und schärft sich nach dem Aufwachen direkt daran die Krallen. Sie können den Kratzbaum auch mit Katzenspielspray und herunterbaumelnden Spielzeugen aufpeppen. Besonders attraktiv wird er, wenn Sie ihn zum Mittelpunkt aller Katzenaktivitäten machen, daran gemeinsam spielen und Leckerbissen darauf verfüttern. Benutzt die Katze den Kratzbaum, ist anfangs jedes Mal ausgiebiges Lob fällig, bis die Katze sich an dessen Benutzung gewöhnt hat.

Außer Rand und Band

Benimmt sich die sonst so liebe Schmusekatze plötzlich wie ein wildes Tier? Wenn erwachsene Katzen unentwegt Unfug anstellen, unausgeglichen und launisch wirken, können sie unter Stress stehen. Fühlt sich die Miez wegen der Überstunden im Büro oder dem frischen Nachwuchs im Haus vernachlässigt? Bringen sie langwierige Bauarbeiten oder der Einzug eines neuen Mitbewohners aus der Fassung? Ist sie irritiert, weil ihre Menschen trauern oder wegen Krankheit das Bett hüten? Solche Ausnahmesituationen lassen sich natürlich nicht vermeiden, sind aber für die Katze unverständlich und schlagen ihr aufs Gemüt. Überlegen Sie, ob sich etwas in den letzten Wochen für Ihre Katze verändert hat. Wer die Ursache kennt, kann die Auswirkungen auf das Tier eventuell minimieren. In jedem Fall hilft eine Extraportion Zuwendung. Die tröstet die Katze, gibt ihr das Gefühl, bei allem Chaos nicht vergessen zu werden und lässt sie abschalten vom ungewohnten Alltag. Hat sich augenscheinlich nichts verändert und die Katze ist trotzdem außer Rand und Band, langweilt sie sich vielleicht. Wer sich den Großteil des Tages nur mit sich selbst beschäftigt, hat Zeit, sich jede Menge Unfug zur Zerstreuung auszudenken. In dem Fall hilft eine tägliche Extrarunde Katzensport in Form von Spielen oder die Anschaffung einer zweiten Katze.

Was drinnen lästig, ist nur natürlich. Kratzen dient dem Schärfen der Krallen und der Kommunikation.

Aggressives Spielen

Besonders junge Katzen spielen sehr wild, springen auf alles, was sich bewegt. Benutzen sie dabei Zähne und Krallen, wirkt das bei einem Katzenbaby noch harmlos. Trotzdem sollten auch kleine Katzen lernen, dass menschliche Körperteile keine Spielzeuge sind. Wer das Attackieren von Händen und Füßen duldet oder die Tiere dazu animiert, gewöhnt sie dauerhaft daran. Sind aus dem zarten Tier irgendwann sechs Kilo Lebendgewicht geworden, die sich ständig unerwartet auf die Hand stürzen, ist das mehr als lästig. Gehört Ihre Katze zu den Fans solcherart menschlichen Spielzeugs, beenden Sie das Spiel direkt, wenn sie angreift. Spielen Sie erst weiter, wenn sich das Tier beruhigt hat. So lernt die Katze: »Wenn ich beiße, wird es langweilig.« Langfristig wird sie sich damit abfinden, lieber weniger heftig als gar nicht zu toben. Sie können Ihren Wunsch nach Unversehrtheit mit einem deutlichen »Nein« unterstützen. Wenn Sie ihr Alternativen zum Kampfspiel wie eine Spielangel anbieten, kann die Katze sich austoben, ohne Sie zu verletzen. Erzielt all das keine schnellen Erfolge, hilft die Kommunikation in Katzensprache. Pusten Sie das Tier beim Angriff geräuschvoll an, glaubt es, Sie würden es anfauchen. Im Katzenreich eine unmissverständliche Geste.

Betteln

Was Menschen so alles auf den Tisch stellen, riecht für Katzen verführerisch. Nur verständlich, dass sie hochspringen, um genauer nachzusehen. Nun liegt es nahe, die Katze mit einer Belohnung wieder vom Tisch herunterzulocken. Doch Vorsicht: Wer das macht, wurde soeben von seiner Katze erzogen. Und zwar dazu, ihr immer etwas abzugeben, wenn sie auf den Tisch springt. Hier hilft nur Ignorieren. Befördern Sie die Katze kommentarlos vom Tisch und lassen Sie es sich weiter schmecken. Selbst wenn sie noch so niedlich und verhungert guckt. Schließlich ist Menschennahrung keine artgerechte Katzenernährung und auch Zweibeiner haben ein Recht darauf, ungestört zu essen. Mangelnde Beachtung ist auch das beste Mittel gegen alle Formen des Bettelns inklusive Maunzen, Kratzen und Ärgern, um bei den Mahlzeiten Aufmerksamkeit zu bekommen. Hat der Mensch mehr Durchhaltevermögen und gibt selbst bei kläglichstem Katzenjammer nicht nach, wird das Tier irgendwann keine Zeit mehr mit dem erfolglosen Betteln verschwenden.

Betteln bei Tisch sollte auf keinen Fall belohnt werden. Ansonsten wird Miez es immer wieder versuchen.

Miauender Wecker

Schlimm genug, wenn morgens der Wecker klingelt. Noch schlimmer, wenn mitten in der Nacht die Katze zum Wecker wird. Maunzen, toben unter dem Bett, über schlafende Menschen laufen, das Gesicht ablecken: Der Ideenreichtum der Katzen kennt kaum Grenzen, wenn es darum geht, Menschen zu wecken. Sie probieren selbst die absurdesten Dinge aus, um genau das Verhalten zu finden, das dem Menschen so sehr auf die Nerven geht, dass er aufsteht, sie füttert, beachtet oder mit ihnen spielt. Die Katze versucht, den Menschen zu erziehen. Oft mit Erfolg. Der Trick liegt darin, die Katze gar nicht erst herausfinden zu lassen, welches Gebaren einen auf die Palme bringt. Das kostet in der Regel Nerven. Denn bei diesem Machtspiel gewinnt derjenige, der mehr Durchhaltevermögen hat. Und davon haben Katzen eine Menge. Egal, was der vierbeinige Schelm veranstaltet, beachten Sie ihn nicht. Tun Sie so, als würden Sie weiterschlafen und wenden sich dem Tier erst zu, wenn es sich beruhigt hat. Wem das schwerfällt, der kann das Tier kommentarlos aus dem Schlafzimmer sperren. Die Folge wird wahrscheinlich ein Radau vor der Tür sein, der an ein Abrisskommando erinnert. Auch hier gilt: Ignorieren, bis Ruhe einkehrt. Sonst meint die Katze, nur genügend Lärm machen zu müssen, um das zu bekommen, was sie will. Stößt sie mit ihren Unternehmungen hingegen auf taube Ohren, wird sie irgendwann aufgeben. Am besten spielen Sie in den Abendstunden so lange mit dem Tier, bis es müde ist. Dann fällt das Ausschlafen leichter.

Problemzone Katzenklo

Katzen sind reinliche Tiere und verscharren ihre Hinterlassenschaften auf der Katzentoilette. Ihre duftenden Urinbotschaften verteilen sie nur draußen, wo der Geruch nicht weiter stört. Zumindest im Normalfall. Immer wieder kommt es vor, dass Katzen plötzlich in der Wohnung urinieren. Was von den Besitzern dann als Protestverhalten gedeutet wird, ist in vielen Fällen eine schmerzhafte Blasenentzündung. Deshalb sollte das vermeintlich unsaubere Tier zunächst unbedingt zum Tierarzt, um Krankheiten auszuschließen oder behandeln zu lassen. Ist die Katze topfit und noch nicht kastriert, kann das Urinieren ein Anzeichen für die Geschlechtsreife sein. In dem Fall schafft die Kastration Abhilfe (siehe Kapitel »Was hast du denn?«).

Die Katze benutzt das Katzenklo, der Mensch hält es sauber. So das Abkommen beider Arten. Bleibt die Streukiste leer, stimmt etwas nicht. Es könnte an der Einstreu liegen. Jede Katze bevorzugt eine andere Sorte. Hier grobkörnig, aus Holz und feines Klumpstreu.

Harnmarkieren

Bei gesunden, kastrierten Tieren ist Detektivarbeit vonnöten, um die Gründe für das Verhalten herauszufinden und dem entgegenzuwirken. Dazu muss man zunächst herausfinden, ob die Katze gezielt Stellen markiert oder wahllos in der Wohnung uriniert. Das Harnmarkieren erkennt man daran, dass die Katze, meist aber Kater, verschiedene Stellen beschnüffelt, dann rückwärts darauf zugeht und mit aufgestelltem, oft zuckendem, Schwanz Urin spritzt. Hier sind meist erhöhte Stellen oder Gegenstände betroffen wie die Haustür, das Fenster oder die Handtasche des Besuchers. So markieren Katzen ihr Revier, wenn sie dieses bedroht meinen. Ursache können neue menschliche oder tierische Mitbewohner, Renovierungsmaßnahmen, Veränderungen im Haus oder Tiere sein, die die Katze durch das Fenster sieht. Versuchen Sie, herauszufinden, was sich im Haus und im Leben der Katze verändert hat. Lässt sich die Ursache nicht abstellen, können Sie die vielleicht für die

Katzenbisse

Wenn Katzen Menschen beißen oder kratzen, sind sie niemals bösartig. Entweder haben sie dieses Verhalten gelernt oder handeln aus Angst. Trotzdem ist bei Katzenbissen Vorsicht geboten. Selbst wenn die Einstichstelle noch so klein erscheint, kann sie sich durch den eingetretenen Speichel des Tieres entzünden. Katzenbisse am besten sofort desinfizieren und mit Jodsalbe behandeln. Bei den ersten Zeichen von Entzündungen wie erhöhter Temperatur, Rötungen und Schwellungen muss sofort ein Arzt aufgesucht werden.

Wird die Katzentoilette zum Streikposten, können Krankheiten, Stress oder das Katzenklo selbst die Ursache sein.

Katze weniger bedrohlich erscheinen lassen. Das Fenster, durch das die Katze den Nachbarshund ängstlich beobachtet, kann für ein paar Wochen zugeklebt, der neue Mitbewohner durch das Übernehmen der Fütterung in den Augen der Katze sympathischer gemacht werden.

Unerwünschtes Urinieren

Hockt die Katze sich zum Urinieren an verschiedene Stellen im Haus, leidet sie vielleicht unter Angst. Sie verbindet die Katzentoilette mit unangenehmen Erlebnissen wie Schmerzen, steht unter Stress oder wird von anderen Tieren oder Menschen auf ihrem stillen Örtchen gestört. Es könnte auch an der Katzentoilette selber liegen. Vielleicht wird die nicht oft genug gereinigt oder steht an einer ungünstigen Stelle, an der die Katze ihr Geschäft nicht in Ruhe erledigen kann. Um das herauszufinden, können Sie folgende Punkte schrittweise ausprobieren. Stellt das Tier daraufhin das Verhalten ein, haben Sie die Ursache gefunden.

Was ist los mit der Katzentoilette?

• Ist die Katzentoilette nicht sauber genug?
- Säubern Sie die Toilette mehrmals täglich und stellen Sie eine zusätzliche auf.
• Ist die Einstreu unangenehm?
- Probieren Sie nacheinander verschiedene Streusorten aus. Feinkörnige Streu wird in der Regel am besten angenommen. Bei Freigängern kann eine Mischung aus Streu und Erde helfen.
• Ist das Katzenklo unangemessen?
- Haben Sie eine kleine Katzentoilette, stellen Sie eine größere auf. Wenn Sie eine Haubentoilette haben, nehmen Sie versuchsweise den Deckel ab beziehungsweise decken Sie eine Schalentoilette probehalber mit einem Deckel ab.
• Steht das Katzenklo ungünstig?
- Stellen Sie die Katzentoilette in eine ruhige Ecke, an der nur selten jemand vorbeiläuft.
• Riecht es unangenehm?
- Wenn Sie sonst einen scharfen Reiniger zum Säubern benutzen, reinigen Sie die Katzentoilette mit Seifenlauge.

Warum die Katze auch immer im Haus uriniert oder markiert, in jedem Fall muss die betroffene Stelle gründlich gereinigt werden, damit kein Geruch übrig bleibt und die Katze die Stelle nicht wieder erschnuppern kann. Nach der Reinigung neutralisiert ein Enzymspray aus dem Fachhandel den Geruch. Reiniger mit Ammoniak sind nicht zu empfehlen, da der Geruch dem des Urins ähnelt. Strafen und wildes Gebrüll sind fehl am Platz. Uriniert die Katze aus Angst, wird diese noch verstärkt. Außerdem bekommt die Katze durch ausgiebiges Schimpfen für ihre Tat unangebrachte Aufmerksamkeit. Wer das Tier auf frischer Tat ertappt, unterbindet sie am besten mit einem lauten Geräusch, klatscht in die Hände oder tritt lautstark mit dem Fuß auf den Boden. Oft hilft es, die Katze vorübergehend an den Stellen zu füttern, an denen sie uriniert. Sind mehrere Plätze betroffen, kann man mehrere Näpfe aufstellen. Katzen urinieren normalerweise nicht gerne dort, wo sie fressen. Halten die Probleme an, hilft eine genaue Analyse der Situation durch einen Tierarzt oder Verhaltenstrainer.

Kapitel 5

Spielend fit und ausgeglichen

Katzen können sich zeitweilig auch ohne menschliches Zutun beschäftigen. Gemeinsam wirkt jedes Spiel allerdings doppelt so spannend und stärkt zudem die Bindung zwischen Tier und Mensch. Insbesondere reine Stubentiger und einzeln gehaltene Katzen sind auf Anreize zur Beschäftigung angewiesen, die ihren tristen Alltag aufpeppen.

Die will doch nur spielen – Action macht glücklich

Wie Menschen lernen auch Katzen durch Spiele ihre Welt kennen. Beim wilden Toben mit ihren Geschwistern testen sie ihre körperlichen Fähigkeiten. Sie balgen sich, um ihre Kräfte einschätzen zu lernen und beim Jagen des Schwanzes von Mutter, Bruder und Schwester erstes Beutefangverhalten zu erlernen. Wenn sie die Koordination perfekt beherrschen, endet der Spieltrieb noch lange nicht. Katzen sind bis ins hohe Alter verspielt. Sie mögen Beutespiele, die das Jagdverhalten nachahmen ebenso wie Fang- und Raufspiele mit Artgenossen und Menschen. Wohnungskatzen, die niemals eine echte Maus erlegen, brauchen das Spiel als Jagdersatz, um ihre natürlichen Bedürfnisse zu befriedigen. Aber auch geübte Mäusejäger sind einem spannenden Unterhaltungsprogramm gegenüber nicht abgeneigt.

Katzensport für Geist und Körper

Was für Menschen beim Sport, gilt ebenso für Katzen beim Spielen: Bewegung hält fit. Liegt der Sofatiger ständig nur herum, verliert er an Kondition. Aktive Katzen hingegen trainieren ständig ihre Muskeln, setzen weniger Fett an, sind ausdauernd und ausgeglichen. Wer sich viel bewegt, fühlt sich einfach gut.

Eine Katze, die sich beim Spielen austobt, hat weniger Muße, sich Schabernack auszudenken. Wenn Samtpfoten die Schreibtischunterlagen nach ihrem Gusto neu sortieren, die Gardine zerfetzen und die Zimmerpalme ausbuddeln, geschieht dies oft aus Langeweile. Bekommt die Katze vor dem Zu-Bett-Gehen ein ausgiebiges Unterhaltungsprogramm, steigen außerdem die Chancen für eine ungestörte Nachtruhe.

Auch störende Verhaltensweisen können manchmal durch Spiele eingedämmt werden. Beim ausgelassenen Toben bauen Katzen aufgestaute Energien ab, die sonst Mensch und Artgenossen zu spüren bekommen würden. Das Tier vergisst beim Herumtollen so manche Ängste und bekommt durch erfolgreiche, spielerische Jagd mehr Selbstvertrauen. Zwei Tiere im Haushalt, die sich nicht geheuer sind, können durch gemeinsames Spiel aneinander herangeführt werden. Die scheue Katze, die neu im Haus ist, verliert durch gemeinsame Beschäftigung die Angst vor dem Menschen.

Na los, spiel schon mit!

Doch was tun bei einem faulen Stubenhocker, der überhaupt nicht spielen will? Was, wenn die Katze bloß gelangweilt ein Auge öffnet und sich wegdreht, während der Mensch mit einem Spielzeug vor ihr herumzappelt und dabei wahre Kunststücke vollbringt? Dann heißt es wie so oft beim Umgang mit Katzen: nicht aufgeben. Die Schwierigkeit liegt darin, das Spiel zu finden, das den Faulpelz am meisten interessiert. Zeigt er nur einen Hauch von Interesse an einem Gegenstand, den Sie verstecken, vor ihm herziehen oder in der Luft herumwirbeln, haben Sie einen Treffer gelandet. Loben Sie die Katze, sobald sie allein eine Spur von Interaktion zeigt. Lässt das Interesse nach, ist die Spielstunde beendet. Das gilt auch für aktive Katzen. Die Tiere können zwar mit Rufen ermutigt, sollten aber nie mit Spielzeugen bedrängt werden. Wird ein Spielzeug vor der Katze wie eine flüchtende Maus weggezogen, wirkt das viel spannender als ein Spielzeug, das der Katze im Gesicht herumwedelt. Dass eine Maus die Katze zur Jagd drängt, ist ebenso unglaubwürdig wie uninteressant für Katzen.

Was gespielt wird – Spiele für die Katz

Beim Spielen zeigen sich Katzen wie gewohnt eigensinnig mit variierenden Vorlieben. Während einige sich auf alles stürzen, was sich bewegt, benehmen sich andere Katzen äußerst wählerisch und interagieren ausschließlich mit ihrem Lieblingsspielzeug.

Spielzeugkauf

Der Fachhandel bietet eine nahezu unendliche Auswahl an Spielzeugen in allen Preisklassen und Designs. Das Beste ist hier nicht unbedingt das teuerste, sondern der Gegenstand, der Ihrer Katze am meisten gefällt. Ob lieber klein oder groß, raschelnd oder geräuschlos, haarig oder glatt: Das müssen Sie mit Ihrer Miez gemeinsam herausfinden. Viele Dinge kann man auch selber basteln oder zu einem Spielzeug umfunktionieren. Eine zusammengeknüllte Brötchentüte weckt manchmal mehr Interesse als ein gekaufter Ball. Manche Hersteller achten bei dem Design der Spielzeuge ausschließlich darauf, dass deren Optik den Menschen gefällt, die die Dinge kaufen sollen. So finden sich manchmal an Stoffmäusen Plastikaugen, die mit Nadeln angesteckt wurden. Da Katzen beim Spiel gerne zubeißen, grenzt das an mutwillige Körperverletzung. Deshalb beim Kauf unbedingt darauf achten, dass keine spitzen und scharfkantigen Teile verarbeitet sind und diese notfalls entfernen. Spielangeln und andere Gegenstände mit langen Schnüren sollten wegen Strangulierungsgefahr nicht unbeaufsichtigt zur Verfügung gestellt werden.

Rollen und werfen

Junge Katzen mögen es besonders gerne, hinter Gegenständen her zu rennen und springen, die sich schnell bewegen. Für die spielerische Jagd bietet sich fast alles an, was sich werfen oder rollen lässt. Manche Katzen bevorzugen Flummis, andere Flaschenkorken oder in die Luft geworfene Papierschnipsel. Auch die kleinen Stoff- und Fellmäuse aus dem Fachhandel eignen sich ideal zum Pfotenballspiel.

Jagen und lauern

Ausdauersport ist auch im Katzenreich nicht jedermanns Sache. Besonders spannend wird es, wenn die Tiere sich wie bei der echten Jagd zwischen den Attacken auf die Lauer legen können. Das funktioniert am besten, wenn die Spielbeute unvorhergesehene Bewegungen vollführt, zwischendurch regungslos liegen bleibt und sich dann in anderem Tempo wieder in Bewegung setzt. Verschwindet sie zwischenzeitlich unter dem Teppich oder hinter dem Vorhang, kann kaum ein Stubentiger widerstehen. Für diese Art von Spiel muss ein Mensch an einem Ende des Spielzeugs stecken und dieses steuern. Er kann etwa einen langen Schnürsenkel hinter sich herziehen. Wer mag, bindet daran ein Glöckchen oder einen Papierschnipsel. Auch spezielle Spielangeln, an deren Ende ein Fellbüschel oder Bündel Federn baumelt, sind sehr beliebt. Hier kann man je nach Vorliebe der Katzen zusätzlichen Schwung ins Spiel bringen, indem die Angel durch die Luft gewirbelt wird, damit das Tier danach springen kann.
Verliert die Katze langsam das Interesse, sollte jede Spielrunde damit enden, dass die Katze die gejagte Beute zu fassen bekommt. Hat sie daran herumgekaut und gekratzt, kann das Lieblingsspielzeug weggeräumt werden, damit es auf Dauer interessant bleibt. Viele Katzen lieben es, Lichtreflexionen und dem leuchtenden Punkt des Laserpointers hinterher zu jagen. Eine unbefriedigende Form der Jagd, da die Tiere die

Spielen hält Katzen fit. Manche stürzen sich auf alles, was sich bewegt. Andere brauchen dazu kleine Anreize wie Leckerbissen.

Beute niemals erwischen können. Wenn die Katze auf den Laserpointer als Spielzeug besteht, bekommt sie dadurch ihr Erfolgserlebnis, dass der Punkt zum Ende des Spiels auf einen Leckerbissen zielt, den die Katze verspeisen kann. Wie beim Menschen darf man auch den Samtpfoten niemals mit dem Laser in die Augen leuchten.

Für scheue Katzen

Der Federwedel ist das perfekte Spielzeug, um mit scheuen Katzen Kontakt aufzunehmen, begeistert aber auch selbstbewusste Exemplare. Der kurze Stab mit Federn oder Lederbändern an einem Ende weckt die Neugier der Katzen und nimmt ihnen beim Spiel die Angst vor der Menschenhand, die am anderen Ende des Stabes steckt. Ziehen Sie die Feder in der Nähe der Katze behutsam über den Boden. Wenn das Tier vorsichtig mit der Pfote danach hascht, können Sie das Spielzeug Stück für Stück von der Katze wegziehen, so dass das Tier beim Spielen auf Sie zugeht. Für das spielerische Anti-Angsttraining eignet sich ebenso gut eine Pfauenfeder.

Spielen bei Zeitmangel

Bei jedem gibt es Ausnahmesituationen, in denen es so hektisch zugeht, dass man vor lauter Stress sogar das Essen und Schlafen vergisst. Kaum denkbar, da noch Zeit zum Spielen mit der Katze zu finden. Kombinieren Sie doch einfach das Katzenspiel mit den täglichen Handgriffen. Binden Sie sich etwa einen langen Faden an den Knöchel, während Sie die Hausarbeit verrichten. So kann die Katze trotz Zeitmangel hinter der sich durch die Wohnung schlängelnden Kordel herjagen.

... und Action!

Jungkatzen können es oft gar nicht wild genug haben. Wie wäre es mit einer Fahrt in einem Karton, den Sie vor sich herschieben oder einer Tour auf dem Teppich, der durch die Wohnung gezogen wird? Liebt die Katze es, sich wild in etwas zu verbeißen, können Sie ihr dazu ein Stofftier anbieten.

Noch einmal mit Geräusch

Während scheue Katzen sich manchmal vor raschelnden Gegenständen ängstigen, kann es anderen Tieren nicht laut genug sein. Rascheln, Rasseln und Knistern heizt ihren Spieltrieb so richtig an. Hier kommen Tischtennisbälle, Haselnüsse mit Schale, Bälle mit Rasseln und Spielzeuge mit kleinen Glöckchen zum Einsatz. Ebenso zusammengeknülltes Papier und raschelnde Spielzeuge wie kleine Knisterkissen und raschelnde Tunnel aus dem Fachhandel.

Katzenminze

Eine spielfaule Katze lässt sich vielleicht mit dem herrlichen Duft der Katzenminze, auch Catnip genannt, aus der Reserve locken. Die Pflanze versetzt Katzen in eine Art Rauschzustand. Der ist anders als bei Drogen völlig harmlos und verfliegt nach kurzer Zeit wieder. Allerdings wirkt Catnip nicht bei jeder Katze. Einige Exemplare lässt das Gewächs völlig kalt, während es andere zu ausgelassenem Spiel verleitet. Oft reiben sich die Tiere an nach Katzenminze riechenden Gegenständen, wälzen sich darauf und vergessen alles um sich herum. Das Wundermittel ist in viele Katzenspielzeuge bereits eingearbeitet. Es kann alternativ als Spray oder getrocknet gekauft werden, um den Kratzbaum und Spielzeuge damit zu beduften.

Katzen lieben Höhlen und Verstecke zum Auflauern. Vor allem, wenn die so schön rascheln wie diese Papiertüte.

Futterspiele für Faulpelze

Interessiert sich die übergewichtige Katze nur für ihr Futter, nicht aber für Sport, kann die Kombination von beidem Abhilfe schaffen. Wird der Trockenfutternapf abgeräumt, ist sie bestimmt bereit, sich die Nahrung zu erarbeiten. Sie kann die tägliche Ration fangen, wenn ihr Mensch die Bröckchen einzeln wirft oder über den Boden rollt. Trottet die Katze anfangs nur träge hinterher: keine Sorge. Irgendwann wird sie sich bestimmt an das fliegende Futter gewöhnen und mehr Begeisterung zeigen.

Auch Futterbrocken, die in einem Karton voller raschelnder Papierschnipsel liegen, ergeben ein spannendes Suchspiel. Ein absolutes Highlight ist Fleisch, das wie ein Vogel durch die Luft fliegt. Nehmen Sie dazu einen Fleischbrocken wie gekochtes Geflügel und binden ihn wie bei einer Angel mit einem Band an einen Stock. Nun lassen Sie es durch die Luft sausen und sehen zu, wie die Katze die köstliche Beute erlegt.

Spaß allein – Beschäftigungsspiele

Allein in der Wohnung warten Katzen meist schlafend auf die Rückkehr des Menschen. Hier kennen sie jeden Winkel und sehen keinen Grund, auf eigene Faust etwas zu unternehmen. Damit einen nach Feierabend kein unausgelastetes und schlecht gelauntes Energiebündel erwartet, können Katzenhalter ein paar Anreize schaffen, um während ihrer Abwesenheit gelangweilte Stubentiger zur Beschäftigung zu animieren.

Das Zeug zum Spielen

Auch wenn keine Menschen zum Mitspielen da sind, sollten der Katze Spielzeuge wie Bälle und Spielmäuse zur Verfügung stehen. Fällt es dem Tier schwer, sich allein zum Spielen aufzuraffen, können die Sachen mit Katzenminzeduft attraktiver gestaltet werden. Steht die Katzeminze allerdings ständig zur Verfügung, verliert sie ihren Reiz. Deshalb die Catnip-Dinge nur zu besonderen Anlässen auslegen, wenn der Mensch beispielsweise länger als gewohnt fortbleibt. Der Fachhandel bietet außerdem Spielzeuge an, mit denen sich die Katze selbst beschäftigen kann wie Röhren, durch die ein Ball geräuschvoll rollt, wenn die Katze ihn anstößt.

Für Entdecker

Stellen Sie Ihrer Katze ab und zu etwas Spannendes hin, das sie erkunden kann, wenn Sie das Haus verlassen. Zum Beispiel eine knisternde Papiertüte mit abgetrennten Henkeln und einem Spielzeug darin. Oder Kartons mit raschelndem Zeitungspapier gefüllt. Robuste Koffer und selbst gebaute Verstecke aus über Möbel geworfenen Decken bieten ebenso Unterhaltung für vierbeinige Höhlenforscher.

Ein ausgedienter Pappkarton mit versteckten Spielzeugen kann Katzen über Stunden beschäftigen.

Gut versteckt

Neugierige Katzen mögen es, Dinge aufzuspüren. Katzenhalter können vor dem Verlassen der Wohnung Sachen für ihren Schützling verstecken. Die Katze sollte den Menschen entweder beim Verstecken beobachten oder die versteckten Schätze müssen für Katzennasen stark genug riechen, damit das Tier weiß, dass es jetzt etwas zu Suchen gibt. Legen Sie das Lieblingskatzenminzespielzeug unter den Teppich oder einen umgedrehten Karton mit einer kleinen Öffnung, aus dem die Katze es sich herauspulen kann. Verteilen Sie alternativ Trockenfutterbröckchen in der Wohnung. Allerdings sollten Sie sich die Verstecke merken und später nachsehen, ob alle gefunden wurden. Die Brocken können zunächst an den Lieblingsplätzen der Katze ausgelegt werden. Hat sie das Spiel verstanden, wird der Schwierigkeitsgrad erhöht. Dann können die Happen je nach Intelligenz der Katze auf Kommoden, Fußleisten und an anderen schwierigen Stellen versteckt werden.

Für Katzen mit Köpfchen

Eine wahre Fangemeinde besitzen inzwischen so genannte Fummelbretter. Auf etlichen Webseiten zeigen kreative Katzenfans ihre selbstgebauten Gebilde, in denen sich Futter verstecken lässt, das die Katze herauspulen muss. Das kann je nach Schwierigkeitsgrad und Interesse der Katze über Stunden beschäftigen. Ob Kisten, Röhren oder Verpackungen: Aus vielen Dingen, die sonst in der Mülltonne landen würden, lassen sich mit ein bisschen Phantasie Futterbehältnisse basteln, die das Katzenköpfchen fordern. Bevor die Samtpfote versteht, was sie mit dem Ergebnis der Bastelarbeiten anfangen sollen, darf der Schwierigkeitsgrad nicht zu hoch sein. Je größer die Öffnungen, desto einfacher lässt sich die Beute herausfischen. Sie können etwa alte Toilettenpapierrollen übereinander gestapelt zusammenkleben und stark riechendes Trockenfutter in den Röhren verteilen. Hat die Katze einmal begriffen, dass und wie sie sich die Leckereien herausangeln soll, können Sie schrittweise immer komplexere Gebilde bauen. So kann die Katze sich auch allein zu Hause mit Futter versorgen, ohne nur Träge über dem Napf zu hängen. Für Katzenhalter, die nicht gerne basteln, werden fertige Fummelbretter im Handel angeboten.

Der Duft der freien Natur ist unwiderstehlich. Auch für Stubentiger, die sich über Mitbringsel von draußen freuen.

Ein Stück Natur

Reine Wohnungskatzen finden alles interessant, was nach draußen riecht. Wer ihnen Dinge aus der Natur mitbringt, schafft mit einfachen Mitteln eine interessante Beschäftigung zum Untersuchen und Beschnüffeln. Schon für wenige Cent wird im Fachhandel und Supermarkt Kaninchenheu angeboten, das in einer Kiste ausgelegt zum Spielplatz für Stubentiger wird. Raschelndes Laub und eingesammelte Kastanien eignen sich prima zum Hinterherjagen. Stöcke und Äste werden mit der Spitze über den Boden gezogen zur Beute.

Kapitel 6

Gesund und munter

Artgerechte Fütterung, ausreichend Bewegung und jede Menge Liebe steigern die Chancen, dass Ihre Katze lange gesund bleibt. Doch auch ein optimal gehaltenes Tier kann erkranken oder einen Unfall erleiden. Kranke Katzen leiden teilweise still und veranstalten nicht immer viel Geschrei um ihren Zustand. Umso wichtiger, die ersten Anzeichen einer Erkrankung zu erkennen, um rechtzeitig zu handeln.

Gesundheit! – Vorgesorgt und früh erkannt

Wer seine Katze gut kennt, intensiv beobachtet und ihren Körper regelmäßig bei der Fellpflegesitzung untersucht, sieht in den meisten Fällen schnell, wenn etwas nicht stimmt.

Die gesunde Katze

Die Katze besitzt Idealgewicht, wenn die Rippen fühl-, aber nicht sichtbar sind. Bei der gesunden Katze sind Ohren und Analregion sauber. Aus Augen und Nase tritt kein Sekret. Die Nickhaut wird mit den Lidern beim Augenöffnen zurückgezogen und hängt nicht sichtbar vor dem Auge. Das Zahnfleisch zeigt keine Entzündungen und die Zähne weisen keinen Zahnstein in Form von braunen Stellen auf. Das Fell wirkt glatt und leicht glänzend.

Neben dem Äußerlichen sollte ebenso das Verhalten unauffällig, also wie gewohnt, sein. Benimmt die Katze sich anders als sonst, zieht sich häufig zurück, rennt andauernd zur Katzentoilette oder ist nicht mehr stubenrein, kann das auf Schmerzen hindeuten und sie muss zum Arzt. Absolute Alarmsignale sind das Vernachlässigen der täglichen Fellpflege und Futterverweigerung über mehrere Tage. Ebenso ein erhöhtes Schlafbedürfnis und unkoordinierte Bewegungen.

Wichtige Routine

Stimmt etwas offensichtlich nicht, scheint der Gang zum Tierarzt für jeden verantwortungsbewussten Katzenhalter selbstverständlich. Es gibt viele Katzen, die selbst in hohem Alter noch niemals beim Tierarzt waren, weil sie immer gesund wirkten. Steht dann doch eine Untersuchung wegen Unfall oder Besitzerwechsel an, diagnostiziert der Tierarzt nicht selten eine langjährige Krankheit, die einfach niemand bemerkt hat. Deshalb müssen gesund wirkende Tiere ebenfalls regelmäßig einem Tierarzt vorgestellt werden.

Auch augenscheinliche Verhaltensstörungen können sich als Ausdruck von Schmerzen und Krankheit entpuppen. Daher sollte die jährliche Routineuntersuchung Pflicht für jede Katze sein. Selbst wenn der Termin noch so beängstigend für das Tier scheint. Findet der Tierarzt bei der Kontrolle keine Anzeichen von Krankheit: umso besser. In dem Fall war der Arztbesuch nicht umsonst, sondern Sie können mit einem sicheren Gefühl wieder nach Hause gehen und wissen, dass es Ihrer Katze gut geht. Selbiges gilt, wenn Sie nicht sicher sind, ob Ihre Katze krank ist oder nicht: Besser einmal zu oft zum Arzt als zu wenig.

Einen Tierarzt finden

Kommt die Katze vom seriösen Züchter oder aus dem Heim, hat sie normalerweise bereits eine Routinekontrolle hinter sich. Wenn nicht, besucht das Tier im Idealfall direkt nach der Anschaffung einen Tierarzt, um eventuelle Krankheiten auszuschließen. Auch alle anderen suchen sich am besten direkt nach dem Katzenkauf eine Tierarztpraxis in der Nähe und verwahren deren Namen und Telefonnummer so, dass sie die Informationen im Notfall schnell finden können.

Ob Sie mit der Katze zum Tierarzt fahren oder eine Fahrpraxis ins Haus bestellen, obliegt Ihren Vorlieben. Bei einer schwer kranken Katze, die nur schlecht transportiert werden kann, ist sicherlich der Tierarzt auf Bestellung eine praktische Wahl. Die Behandlung in der Tierarztpraxis gestaltet sich allerdings meist einfacher als zu Hause. Nicht nur, weil die Ausstattung dort umfangreicher ist, sondern auch wegen des Verhaltens der Katze. Die meisten Katzen lassen auf dem Behandlungstisch in der Praxis aus Scheu vor der ungewohnten Umgebung alles über sich ergehen. Zu Hause in ihrem Revier zeigen sie sich hingegen als Kratzbürste, wenn der fremde Mensch im Kittel ihnen zu nahe kommt.

Beim Tierarzt

Kommt der Tierarzt ins Haus, werden vor dessen Ankunft alle Fluchtmöglichkeiten versperrt. Versteckt sich die Katze bei Angst immer unter dem Fernsehsessel, verschließen Sie kurzzeitig das Wohnzimmer, damit Sie mit dem Tierarzt keine Möbel rücken müssen, um die Katze aufzuspüren. Je schneller das Tier eingefangen werden kann, desto weniger Stress müssen Katze und Halter ertragen.

Fährt die Katze in die Praxis, reist sie in ihrer fest verschlossenen Transportkiste. Manche lassen sich mit Futter hineinlocken, andere müssen hochgehoben und hineingesteckt werden. Mit der Zeit entwickeln Sie bestimmt eine eigene Technik, mit der Sie Ihren Schützling am schnellsten in die Box bekommen. Versuchen Sie schon vor dem Transport ruhig zu bleiben. Je nervöser Sie sind, desto unruhiger wird auch die Miez. Katzen merken am Verhalten ihrer Menschen, wenn etwas Unangenehmes ansteht. Deshalb gilt auch während der Fahrt und im Behandlungsraum: Ruhe bewahren. Leiden Sie bei einer unangenehmen Zahnbehandlung zu sehr mit, verlassen Sie den Raum und lassen Sie sich alles Wichtige erklären, wenn die Prozedur vorüber ist.

Bei der jährlichen Routinekontrolle untersucht der Tierarzt in der Regel nach dem Betrachten des Äußeren die Ohren auf Milbenbefall und das Maul auf Zahnstein und Entzündungen. Er nimmt die gewünschten Impfungen vor und verabreicht bei Bedarf eine Wurmkur. Tiere mit Freigang müssen unbedingt gegen die gängigen Infektionskrankheiten geimpft werden. Stecken sich ungeimpfte Tiere bei kranken Artgenossen an, kann das sogar tödlich enden. Einige Krankheiten werden nicht nur durch Bisse und Körperkontakt, sondern gleichwohl über Gegenstände übertragen. So können selbst Katzen mit den Erregern in Berührung kommen, die keinen Kontakt zu anderen Tieren haben. Deshalb sollten auch reine Stubentiger gegen diese Krankheiten wie beispielsweise Katzenseuche geimpft werden. Befragen Sie Ihren Tierarzt danach, welche Impfungen für die Lebenssituation Ihrer Katze am sinnvollsten sind.

Kontrolle muss sein. Nur wer seine Katze regelmäßig untersuchen lässt, kann Krankheiten rechtzeitig erkennen.

Was hast du denn? - Katzenkrankheiten

Seltene und häufige, gefährliche und harmlose: Es existieren die verschiedensten Katzenkrankheiten. Deshalb enthält folgende Aufzählung nur eine kleine, unvollständige Auswahl an verbreiteten Krankheiten. Die Beispiele sollen lediglich der Hilfestellung zum Erkennen von Symptomen dienen. Ob Hautrötungen, tränende Augen oder Durchfall: Zeigt die Katze ungewöhnliche Symptome, ist Expertenrat gefragt und ein Tierarzt muss zurate gezogen werden.

Infektionskrankheiten

Katzen können untereinander diverse Infektionskrankheiten übertragen, wovon viele bei unterlassenem Einschreiten tödlich verlaufen können. Deshalb ist bei ersten Anzeichen schnelles Handeln gefragt. Gegen viele Infektionskrankheiten existieren inzwischen Impfstoffe, mit denen der Tierarzt die Katze immunisieren kann. Ansteckungsgefahr für den Menschen besteht in den meisten Fällen nicht.

Sehr verbreitet ist der Katzenschnupfen. Was so harmlos nach einer verstopften Nase klingt, ist für die Katze lebensbedrohlich. Die Erreger gelangen durch direkten Körperkontakt und Tröpfcheninfektion in den Körper. Darauf folgen meist Niesen und Augentränen, was später zu eitrigem Ausfluss mit Fieber und Geschwüren führt.

Die Katzenseuche ist eine hochgradig ansteckende Viruserkrankung, dessen widerstandsfähige Erreger auch über Gegenstände wie Schuhe übertragen werden können. Symptome sind Appetitmangel, Schwäche, Erbrechen und Fieber.

Die Feline Infektiöse Peritonitis, kurz FIP genannt, ist eine Immunkrankheit, die die inneren Organe der Katze befällt. Sie endet meist tödlich und zeigt sich durch Fieber, Schwäche und Appetitmangel. Das Feline Leukämie-Virus, auch bekannt als FeLV oder Katzenleukose, ist eine Viruserkrankung mit vielfältigen Symptomen, die von Müdigkeit und Fieber bis hin zu Tumoren reichen. Das Feline Immundefizienz Virus, kurz FIV, wird oft als Katzen-Aids bezeichnet und meist durch Bisse übertragen. Bricht die Krankheit im Körper aus, schwächt sie das Immunsystem erheblich. Wer mit seiner Katze ins Ausland verreist, muss sie gegen Tollwut impfen lassen. Die Krankheit kann auch durch andere Tierarten wie Füchse übertragen werden und ist für den Menschen gefährlich. Anzeichen sind nicht nur der sprichwörtliche Schaum vor dem Mund, sondern ebenso plötzliches Verändern des Verhaltens, Krämpfe und Lähmungserscheinungen. Tollwut ist meldepflichtig.

Echt haarig

Würgt die Katze regelmäßig, bis ein Knäuel Haare, eventuell vermischt mit Futter, zum Vorschein kommt, ist das völlig normal. In dem Fall hat sie das Ergebnis der Fellpflege und die dabei aufgenommenen, unverdaulichen Haare hervorgewürgt. Oft fressen Katzen Gras, um das Hervorwürgen zu erleichtern. Tut das Tier sich schwer mit dem Erbrechen der Haarballen und benötigt dafür mehrere Versuche, hilft spezielle Malzpaste, die über das Futter oder pur gegeben wird. Die unterstützt auch die Exemplare, die die Haarballen über den Kot ausscheiden und so zu Verstopfung neigen. Bei Langhaarkatzen ist verdauungsfördernde Paste oder ein spezielles Anti-Hairball-Futter dauerhaft empfehlenswert. Viel Bewegung und ballaststoffreiches Futter können die Darmtätigkeit ebenfalls anregen.

Kastration schont die Nerven

Angesichts der Vorteile einer Kastration scheint es unglaublich, wie viele unkastrierte Katzen

Gemeinsamer Wellnesstag. Damit keine Parasiten die Idylle trüben, sollte nicht nur das offensichtlich betroffene Tier behandelt werden. Wurmkur und Antiflohmittel besser gleich bei allen Katzen der Gruppe anwenden, um eine Ausbreitung zu verhindern.

Lästige Gäste

Parasiten sind nicht nur lästig, sondern manchmal auch gefährlich. Zum Glück gibt es Mittel, sie schnell wieder loszuwerden. Gegen Würmer, die der Katze im Verdauungstrakt die Nahrung streitig machen, hilft eine Wurmkur vom Tierarzt. Die Mittel werden als Tablette oder Gel verabreicht oder in Form eines Spot-Ons auf den Nacken der Katze gegeben. Da ein Wurmmittel nicht vorbeugend wirkt, sollte die Gabe mindestens einmal im Jahr wiederholt werden. Flöhe jucken nicht nur, sondern können auch Allergien auslösen. Da einige Flohmittel nicht gut verträglich sind, lassen Sie sich vom Tierarzt ein Mittel geben, statt wahllos im Handel eins zu kaufen. Ein spezieller Flohkamm entfernt zusätzlich die Floheier aus dem Fell. Die Eier können sich auch in Decken und Körbchen der Katze befinden und werden durch Waschen entfernt. Sieht die Samtpfote struppig aus und hat rote Stellen auf der Haut, könnten Milben daran schuld sein. Manche Milben setzen sich auch in den Ohren fest und hinterlassen dort stinkende Ausscheidungen. Hat die Katze Milben, bekommt sie vom Tierarzt ein entsprechendes Mittel.

Sicher in Freiheit: Der Verlust einer Katze ist immer traurig. Ein Mikrochip hilft, die weggelaufene Katze schnell wiederzufinden.

hierzulande leben. Der Eingriff geht schnell und ist harmlos. Er schützt nicht nur vor ungewolltem Vermehren und im Falle des Ausbüxens der Zunahme der Streunerpopulation, sondern schont auch die Nerven von Mensch und Tier. Wird eine weibliche Katze rollig, kann sie mit ihrem Geschrei alle Mitbewohner in den Wahnsinn treiben. Auch unkastrierte Kater können einen mit ihrem Dominanzgebaren auf die Palme bringen. Das ständige Harnmarkieren unkastrierter Tiere kommt übrigens nicht ausschließlich bei Katern vor, auch wenn es bei ihnen verbreiteter ist als bei weiblichen Katzen und stärker riecht. Die kastrierte Katze stellt im Normalfall nicht nur diese unerwünschten Verhaltensweisen ein, sondern gibt sich auch friedlicher und verschmuster. Dass eine unkastrierte Katze ohne Sexualleben etwas vermissen würde, ist eine irrationale, unbegründete Sorge. Da die Katze keinen Trieb verspürt, vermisst sie auch nichts.

Kennzeichnung

Wenn die Miez verschwindet und nicht mehr nach Hause findet, ist die Sorge groß. Vom Verschwinden sind nicht nur Freigänger betroffen. Auch Stubenhocker können sich durch den Türspalt zwängen oder aus Neugierde durch das Fenster steigen. Die besten Chancen, schnell wieder nach Hause zu kommen, hat die Katze mit einem unverwechselbaren Kennzeichen. Die früher gängige Tätowierung der Ohren wird inzwischen meist durch den Mikrochip ersetzt. Der Chip ist mit einer individuellen Nummer versehen und so klein, dass der Tierarzt ihn ganz einfach mit einer Spritze unter der Haut platzieren kann. Die Katze spürt nur den Einstich

Ab zum Tierarzt: Selten sind Erkrankungen so offensichtlich wie hier und oft nur durch verändertes Verhalten zu erkennen.

und wird durch den Chip nicht beeinträchtigt. Die Kennzeichennummer müssen Tierhalter danach bei einem Haustierregister zusammen mit ihrem Namen und ihrer Adresse registrieren lassen, damit die Katze eindeutig ihrem Halter zugeordnet werden kann. Informationen hierzu gibt es beispielsweise im Internet unter www.tasso.net. Findet jemand eine registrierte Katze und bringt sie zum Tierarzt oder ins Tierheim, wird dort die Chipnummer mit einem Lesegerät ausgelesen. Über das Haustierregister kann der Besitzer sofort ermittelt und benachrichtigt werden. Deshalb am besten direkt beim ersten Tierarztbesuch die Katze mit einem Mikrochip kennzeichnen lassen, damit sie im Notfall schnell wieder heimfindet.

Willkommen Katze

Wie lernen Katzen? Woher kommt das geheimnisvolle Schnurren? Wie passen Samtpfoten ihr Sozialverhalten den wechselnden Umweltbedingungen an? Über Katzen gibt es so vieles zu lernen, zu wissen und zu erforschen, dass ein einzelnes Buch nicht annähernd ausreicht für all die interessanten Fakten. Aber vielleicht sind Sie nach der Lektüre nun neugierig geworden auf die geheimnisvollen Tiere und haben zumindest eine Vorstellung davon, was Sie beim Zusammenleben mit Ihrer Katze erwartet. In den kommenden, gemeinsamen Jahren wird es Ihnen wahrscheinlich wie allen Menschen ergehen, die sich mit den Samtpfoten beschäftigen: Sie werden ständig Neues und Erstaunliches an deren Verhalten entdecken.

Auf eine schöne Zeit mit Ihrer Katze!

Nina Ernst beschäftigt sich seit Jahren mit dem Wesen und Verhalten der Katzen. Bei ihrer Arbeit als freie Journalistin schreibt sie für verschiedene Magazine und Zeitungen. Während sich bei ihren Interviews und Reportagen alles um Kultur und Unterhaltung dreht, stehen in ihrer Freizeit die Vierbeiner im Vordergrund. Die erfahrene Katzenhalterin lebt derzeit mit zwei Samtpfoten in Hamburg und arbeitet ehrenamtlich im Tierheim. Ein Leben ohne Katzen? Für sie unvorstellbar. Ihr besonderes Interesse gilt dem Lern- und Sozialverhalten der Samtpfoten.

Unsere Erfolgsreihen auf einen Blick

Die Reitschule

Urte Biallas, **Bodenarbeit**, ISBN 978-3-275-01708-9
Kerstin Diacont, **Grundkurs Sitz und Hilfen**, ISBN 978-3-275-01707-2
Kerstin Diacont, **Dressur für Fortgeschrittene**, ISBN 978-3-275-01749-2
Angelika Schmelzer, **Pferde erziehen**, ISBN 978-3-275-01709-6
Angelika Schmelzer, **Reiten im Gelände**, ISBN 978-3-275-01748-5
Britta Schön, **Hufschlagfiguren und Lektionen E bis A**, ISBN 978-3-275-01728-7
Britta Schön, **Mein erster Turnierstart**, ISBN 978-3-275-01777-5
Sigrid Weppelmann/Sandra Mensmann, **Longieren**, ISBN 978-3-275-01727-0
Sigrid Weppelmann, **Basispass Pferdekunde**, ISBN 978-3-275-01750-8
Inga Wolframm, **Angstfrei reiten**, ISBN 978-3-275-01729-4
Inga Wolframm, **Springen für Einsteiger**, ISBN 978-3-275-01776-8

Die Hundeschule

Annegret Bangert, **Begleithundprüfung**, ISBN 978-3-275-01779-9
Ann-Sophie Griebel, **Clicker-Training**, ISBN 978-3-275-01714-0
Micaela Köppel, **Spiel und Spaß für jeden Tag**, ISBN 978-3-275-01732-4
Petra Krivy/Ann-Sophie Griebel, **Ein Hund aus zweiter Hand**, ISBN 978-3-275-01780-5
Petra Krivy/Angelika Lanzerath, **Was ein Welpe lernen muss**, ISBN 978-3-275-01689-1
Petra Krivy/Angelika Lanzerath, **Hunde verstehen**, ISBN 978-3-275-01756-0
Petra Krivy/Angelika Lanzerath, **Einfach gut erzogen**, ISBN 978-3-275-01731-7
Petra Krivy/Angelika Lanzerath, **So geht's nicht weiter**, ISBN 978-3-275-01713-3
Uta Reichenbach/Tanja Sinner, **Agility**, ISBN 978-3-275-01660-0
Uta Reichenbach/Gabriele Lehari, **Sinnvolle Beschäftigung**, ISBN 978-3-275-01645-7
Monika Schaal/Ursula Breuer, **Komm zu mir!**, ISBN 978-3-275-01623-5
Monika Schaal/Ursula Daugschieß-Thumm, **Lockere Leine**, ISBN 978-3-275-01621-1
Julia Schuster/Jochen Schleicher, **Dog Frisbee**, ISBN 978-3-275-01755-3
Beate Schwarz, **Dummy-Training**, ISBN 978-3-275-01690-7
Manuela van Schewick, **Apportieren mit Spaß**, ISBN 978-3-275-01754-6
Christiane Wergowski, **Alleine bleiben**, ISBN 978-3-275-01659-4

happy cats

Nina Ernst, **Willkommen Katze**, ISBN 978-3-275-01781-2
Nina Ernst, **Zufriedene Stubentiger**, ISBN 978-3-275-01760-7
Gabriele Müller, **Miau – Katzensprache richtig deuten**, ISBN 978-3-275-01782-9

Jedes Buch mit 96 Seiten,
ca. 80 Abb., broschiert,
je € 9,95/sFr 18,90/€(A) 10,30